SEXUS ANIMALUS

Emmanuelle Pouydebat, Illustré par Julie Terrazzoni
"SEXUS ANIMALUS. Tous les goûts sont dans la nature"
© Flammarion, Paris, 2020
This book is published by arrangement with Flammarion,
through le Bureau des Copyrights Français, Tokyo.

生物と性

神秘の最適化戦略

エマニュエル・プイドバ 著

ジュリー・テラゾーニ イラストレーション

西岡恒男 訳

求龍堂

かつての教え子であり、生物学者として今後の活躍が期待される
アムリーヌとマリオンに。彼女たちがいなければ、
本書の執筆を思いつきもしなかったでしょう。
独創的な友人たちよ、ありがとう!

いまやペニスについてすべてを知りたいとおもっている、
息子のアレクサンドルに。

何も決められてはいない。
あらゆる可能性があるのだ。

目 次

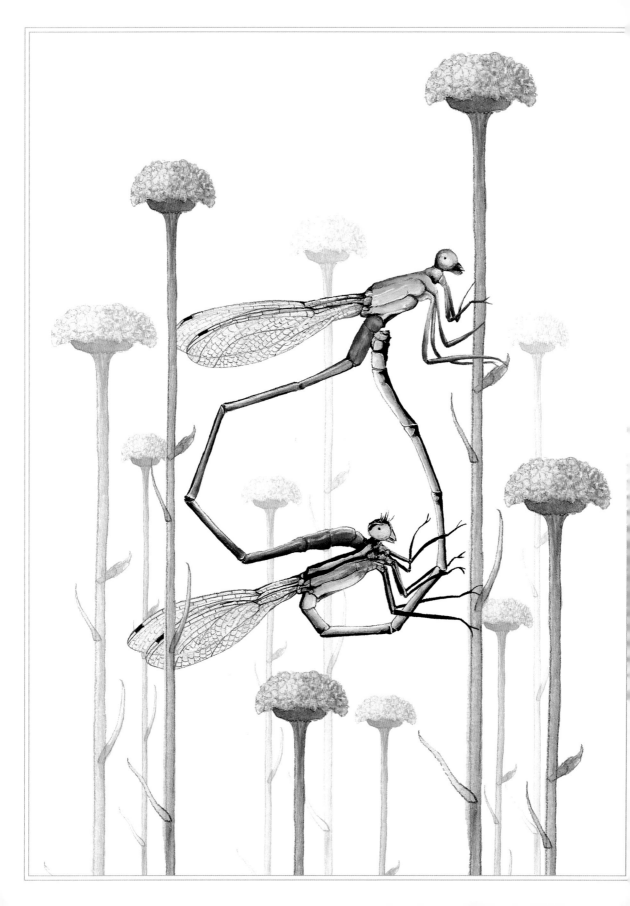

はじめに

　地球上に生命体が誕生したのは、今からおよそ40億年前のことである。以来、環境がありとあらゆる変化をするなか、進化と適応の複雑なメカニズムを通じて多様化しながら生き抜いてきた。その結果、適応や形態の面できわめて多彩な戦略が生み出された。形態の違いは、脚、器官、骨、組織と、体のいたるところに見られる。このような各生物の違いは行動や機能とも関連しており、運動や食物の摂取、捕食、逃走、生殖などにも影響を及ぼす。体内受精を行う動物の進化でもっとも目を引くもののひとつは、生殖器の形態的な多様性である。驚くべきことに、全体的な形態に大差がない種においても、オスの生殖器には顕著な違いが見られる。こうした違いについては研究も多く行われており、メスの生殖器の場合よりもずっと知られている。オスの場合には、まるで生殖器を中心として淘汰が進んできたかのようである。

　たとえばこれまでに発見されているオスのペニスには、溝状のもの、半陰茎（ヘミペニス）が一対あるもの、トゲ状やらせん状のもの、先端部が4つあるもの、音を出すもの、さらには取り外し可能なものまであるのだ！　また、メスの生殖器についてのデータはまだ少ないのだが、精子をストックできる膣やトゲのあるクリトリスなど、きわめて興味深く、これからの発見が期待されるものもある。本書ではこれらについても忘れずに言及したい。
　このような注目すべきさまざまな形の進化には複数の原因が考えられ、悩ましい疑問もいろいろと浮かぶ。はたしてペニスは何の役に立っているのか？　ペニスがない種が存在する一方で、ふたつもある種が存在するのはなぜか？　このような形

とサイズの変化はなぜ起こるのか？　生物の進化を遡ってみると、種の起源は複数あったのか、それとも単一の祖先に辿りつくのか？　精子を届ける以外の役割があるのか？　生殖を最適化するためなのか？　メスを独占するためなのか？　生き残るためなのか？　これに対して膣やクリトリスはどうなっているのか？　快感はどうか（そもそも動物界には快感はあるのか）？　もしあるとすれば、その快感とはどのようなものなのか？

　複雑なこのメカニズムを理解して答えを見つけ出そうとするなら、時代をさかのぼり、生殖器の進化を解明しなければならない。生物が陸上に進出したのは４億年以上も前のことで、恐竜が現れるよりもずっと前のことである。それまで、生殖は体外で行われてきた。メスは水の中で放卵し、オスはそこに放精するのである。しかし、海洋生物のなかには水中から陸へと上がるものも現れ、体を新しい環境に適応させた。体全体が陸上生活に適応するなかで、生殖器も影響を受けることになった。陸上では体外受精はもはや不可能である。性細胞は地上や空気にさらされた状態では長く生きられないので、オスもメスもそういった場所に性細胞を放つことはできないからだ。陸上環境で生存していくためには生殖器の大革命が必要となり、こうして体内受精という方法が生まれた。その仕組みは、メスが体内に卵をもち、オスがそこに精子を届けるというものだった。そのために水生動物が見出した重要な解決策は、今日のサメやエイ、硬骨魚類に見られる溝状のペニスである。こうして、海や川、湖の中にいた板皮類のような顎が発達した多くの魚類に、ペニスの原型というべき交尾のための突起物が備わった。小型の古代魚類で鎧のような甲皮をもつミクロブラキウス（microbrachius）を見れば、少なくとも脊椎動物の進化の初期には体内受精がすでに行われていたことがわかる。つまり、最初のペニスは水生動物にあったのだ！　精子を水中に拡散させずに生殖を最適化するうえで、このような体内受精という方法は当時の種の生存のためには重要だったのだろう。こうした適応は、日常的に水辺から出て大地にすみつく陸上の脊椎動物、すなわち羊膜に包まれた受精卵を産む四肢動物である有羊膜類（爬虫類、鳥類、哺乳類）には欠かせないものだった。これらの四肢動物が有する羊膜腔は硬い殻に覆われた羊膜卵やメスの子宮のうちにあって胚や胎児を保護する。四肢動物は陸上で生殖器系を含め

て数多くの適応を獲得し、最適化してきた。メスは必ず生殖細胞を体内で維持し、オスは自分の生殖細胞をメスの体内に届けなければならない。そこで陸上の脊椎動物の多くが採用した解決策は、メスの体内に精液を直接的に届ける管状のペニスを発達させることであった。この管は、種ごとに異なるが、体液（血液、リンパなど）の作用によって硬くなって圧力がかかり、メスの生殖管に挿入できるようになる。このような進化の過程においてはメスの生殖器も間違いなく適応を経験しているが、オスの生殖器ほどは研究が進んでいない。

　全容が見えてきただろうか？　ロジカルだがそれほどシンプルでもないし、ここから少し複雑になるので慎重に話を進めよう。現在を理解するには、過去を理解しなければならない。ペニスの進化のメカニズムは、残念ながら完全に解明されているとは言いがたい。形態的な多様性（どのような形をしているか）や機能的な多様性（どのようなことができるか）の起源は、多くの謎に包まれている。このような多様性に富むペニスには複数の起源があったのか、それとも原型となるただひとつのペニスが変化を繰り返して進化したのか？　その点について、もう少し詳しく見てみよう。

　近年の研究では、有羊膜類におけるペニスの起源とその進化に注目が集まっている。ペニスのような「挿入型」の交尾器の所有は、陸上環境でうまく生息するには不可欠な前提条件であった。水中とは異なり、陸上では体外（空気中）で精子を届けるという方法は不適当であるため、ペニスによってオスの配偶子をメスに届けることになったのだろう。とすれば、ペニスの所有は水の外で生殖と生存を可能にするための唯一（にして最良）の解決策だったと考えることもできるかもしれない。ペニスは、メスにおける小型化した同等物であるクリトリスとともに、現存するすべての有羊膜類に備わり、ほとんどの哺乳類やカメ目、ワニ目、有鱗目（トカゲ、ヘビ、ミミズトカゲ）に残されている。「ほとんど」とはどういうことなのか？それは、ペニスは有羊膜類の進化の過程で少なくとも2度にわたり「失われた」からだ。たとえば、ニュージーランドに生息するムカシトカゲや大部分の鳥類にはペニスは存在しない。トカゲやヘビに近い動物であるムカシトカゲは、総排出腔の接

触、つまり多くの鳥類のように生殖孔の接触によって交尾を行う。ムカシトカゲの胚にある生殖器の初期段階（肢芽）とも言うべきものは、孵化するまでのあいだは大きくなる！　まるで太古のペニスの記憶をとどめているかのようである。さらに、ワニや（進化の段階としてみれば「原始的な」鳥である）ダチョウがペニスを有するという事実を加味すれば、彼らのペニスが同じ起源をもつことを証明しているのだとする説もある。それゆえペニスは、ある系統では発達してきたのに対して、別の系統では見捨てられることもあった。だが生殖器官のように重要なものがどのようにして失われるのか、また、なぜ失われたのかということについてはほとんどわかっていない。まったくもってその通りである。だから、さまざまな系統で独立して進化してきたというような、ペニスの進化に複数の起源があったという説を唱える人もいるのである。

　なんとも複雑なことではないだろうか？　また、昆虫やクモ、甲殻類といった節足動物の交尾器も非常に多様に発達してきた。こうした動物ではペニスは異なる名称をもつ。ダニでは鋏角、クモでは触肢、多くの昆虫ではエデアグスと呼ばれる。これら手足が変形したものには精子が蓄えられ、これを使ってメスの交尾器に精子を渡すのである。ここでも、さまざまな進化の形態が見てとれるのだが、なぜそのように進化したのか？　変化していく環境のなかでは、性行動は生存に関わる問題だからである。遺伝子を保存していくために、同性の個体間、さらにはオスとメスの間で厳しい競争にさらされる。つまりは種が繁殖するために、革新的な器官、オスとメスの間での闘争、オスの犠牲行為など、多様な戦略が発達してきたのだ。動物界は神秘に包まれており、新鮮な驚きに満ちている。

　これらの戦略を通じて、生殖器の形や機能に目を見張る違いが生まれる。こうした華々しい進化の原因はいまだ謎に包まれており、起源は複数あるのかないのかなど、注目に値する多くの疑問がなおも残されている。形や大きさはなぜこれほどまでに変わりやすいのか？　ぴったりの相手を見つけるためなのか？　競争を避けるためか？　しっかりと引っ付くためか？　自然選択なのか？　コミュニケーションのためか？　快感を得るためか？　どうして骨がある生殖器があるのか？　なぜト

ゲを備えているのか？　概して生殖器と交尾に多くの秘密が隠されているのは疑い
なく、ここではそのいくつかを取り上げてみたい。本書を読めば、ヒトの生殖器や
性行為がきわめて平凡なものに感じられるのは間違いないだろう。動物界の性のあ
り方は、あらゆる面で私たちを凌駕しているのだ。

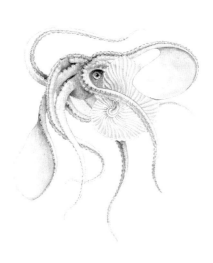

UNE VARIABILITÉ INSOUPÇONNÉE DE FORMES ET DE TAILLES

I

形と大きさの
計り知れない多様性

イリエワニ
（*Crocodylus porosus*）

—

溝がついたペニス

イリエワニは世界最大級のワニであり、世界記録は全長7メートルにも達する。アジアやオセアニアの熱帯に生息するワニで、湿度の高い雨季には流れの穏やかな海辺や川辺にすみ、乾季になると水流に乗って河口や海へと移動する。イリエワニは非常に攻撃的でもある。機会選択的捕食者であり、水中でも陸上でもいろいろな種の動物を捕食する（魚、カンガルー、スイギュウ、オオトカゲ、サル、ディンゴ、鳥、サメ、ときにはトラ、そしてヒト……）。繁殖期に関しては、一般的に雨季に交尾を行う。乾季が始まると、メスは砂に穴を掘って産卵し、そこに草をかぶせる。産んだ卵や孵化した子を守るのはメスの役割だ。ワニだけれど、世話好きな母親なのである！

ワニの生殖器の一番の特徴と言えるのはオスのペニスである。通常は、腸管や尿道、生殖道を兼ねる、「総排出腔」と呼ばれる穴の中にワニのペニスは隠されている。この総排出腔は、鳥類や爬虫類、両生類、さらにはいくつかの哺乳類に見られる。ワ

ニのペニスは体内に収納されているが、つねに勃起状態にある。興奮状態になってペニスが膨らんだり大きくなったりする哺乳類とは違うのだ。代わりに腹の中でペニスを支える筋肉が引っ張られると、総排出腔からペニスが出てくる。その筋肉が緩めば、元に戻るのである。

　こうした事情もあって、ワニの性別の見分け方は、長らく科学者たちを悩ませる大問題であった。ある個体の性別を見分けようとすれば、総排出腔から生殖器を出して、それがペニスなのかクリトリスなのかを確かめる必要があるからだ。そう、爬虫類でありながら、ワニのメスにはクリトリスがついているのである！　ただ、メスのクリトリスの長さはペニスとそれほど変わらず、ワニの体の大きさによって変わってくる（平均で約10センチ）。現在では、大型のワニのクリトリスは、構造的にはペニスと同じだが、やや小さく、その成長についても、より早い時期に発達が止まってしまうことがわかっている。

　こうして性別が判明できるワニのペニスは、通常は円筒形であり、やや横に平べったく溝がある。これが「溝状のペニス」である。すでに述べたが、生命の歴史に初めて現れたペニスはこれと少し似ている。ほかの陸上の脊椎動物では、管状になったペニスが多い。興味深いことに、同じような溝はメスのクリトリスにもついているが、こちらにはこれといった機能があるわけではない。メスの生殖器についてこのように詳細に確認されているのはとても珍しい。なぜなら多くの種において、メスの生殖器はほとんど、あるいはまったく研究されていないからである。ワニの場合は少し事情が異なっており、農園では150年以上も前から高級なワニ革を得るために、ワニの性別や交尾を把握し、その繁殖に活かしてきたのである！　経済的な必要性から科学が発展したのだ……。

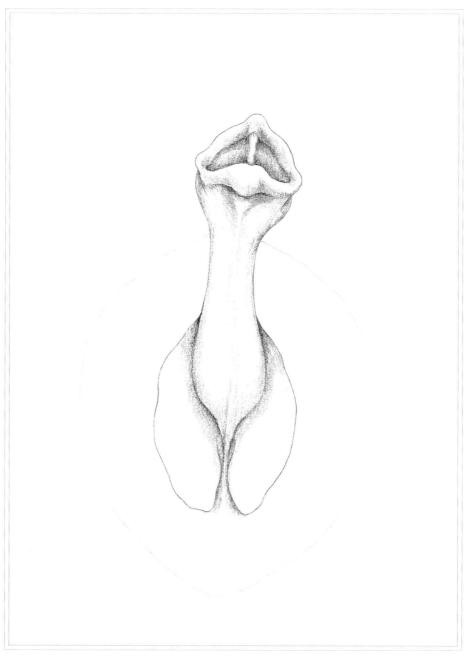

生殖器のサイズ：約20cm

全長：約4.5m

ダチョウ

(*Struthio sp.*)

—

鳥類全体の 3%に入る珍しい鳥

こ こでは鳥類について見ていくが、どういう鳥でもいいわけではない。鳥のなか
でも起源がもっとも古い（ワニと同じ頃である）古顎類を取りあげたい。この
系統の鳥は飛翔能力を失っている。有名なのがダチョウである！　ダチョウはアフ
リカにのみ生息しており、現生する陸生の鳥のなかで最大であり、もっとも速く走る。
一夫一婦制であるが、群れが大きい場合には一夫多妻となり、メスが相手を選ぶ。孵
化はもっぱらオスが担当し、卵や雛を外敵から守る。私はフランスのトワリー動物園
でオスのダチョウのココに何度も攻撃されたことがあるので、オスの特性について身
をもって知っている！　雛の世話は 1 年ほど続くが、大きな危険が差し迫っていると
きには、メスが他のメスたちを引き連れてオスを助けにやって来る。ダチョウも共同
作業をするのだ。

　しかし、見た目が全然違うのに、ワニとダチョウにどんな共通点があるのか？
解剖学的な見地からすれば、類似した外性器をもち、ともに体内受精を行う。つま
りダチョウのオスにはペニスがあり、メスに挿入して精子を届け、受精させるので
ある。ただ、現生する鳥類でペニスをもつものは、わずか 3 ％しかいない。ダチョ
ウは、ほかの古顎類（キーウィ、シギダチョウ）やキジカモ類（ニワトリ、シチメ
ンチョウ、ツカツクリ、ホウカンチョウ、カモ）と並んで、ペニスが備わった珍し
い鳥のひとつである。そのほかの鳥類は、「総排出腔接触」によって交尾を行う。す
なわち、オスとメスが互いの総排出腔を合わせて、オスの精子をメスに届けるので
ある。では、わずか 3 ％の鳥がペニスをもつのはなぜか？　違う言い方をすれば、
体内受精を行う大部分の有羊膜類がペニスを備えているのに、鳥類の 97 ％が外性器

生殖器のサイズ：約 25cm
体高：約 2.5m

をもたないのはなぜか？　体内受精に必要不可欠な器官が失われた要因は何か？　ペニスは進化の過程でどのように失われていくのか？　そもそも鳥類にペニスが発達した進化の過程はきわめて複雑である。興味深い問いだが、その裏側にはおそらく遺伝子の歴史が隠されており、進化のなかで多くの鳥類にとってペニスがないことが有利となった理由は、依然として謎のままである。

　その一方で、進化に関する古くからの問いで、答えが明確なものもある。リンパによる勃起のメカニズムは、すべての鳥類の祖先に見られたようである、というのがそれである。大きな謎だったのは、最大級の鳥類のペニスがどのようにして勃起状態になるかということだった。ダチョウのオスは、爬虫類や哺乳類のように血管系を使うのではなく、リンパ液によってペニスを大きくする。ここで新たな謎が生まれる。ダチョウのような鳥にリンパを使うペニスがあることで、進化に関する悩みの種が新たに出てくるのだ。すでに血流によるペニスの勃起のメカニズムができていたにもかかわらず、新たな構造が発達したのはなぜか、ということである。カモの場合、リンパによる勃起をすることで、ペニスをすばやく伸ばして深部で受精を行える。ダチョウの場合は、リンパ液でペニスを硬直させることで、精液を先端へ押し出す。リンパによる勃起は、血液によるそれとはメカニズムが違っており、交尾方法も違ったものになる。

　確実に言えることは何だろうか？　ダチョウとワニにはそれぞれ独自の勃起のメカニズムがあるが、解剖学的な観点では互いのペニスにそれほど違いがない。結局、ダチョウもワニも、ペニスはおそらく同じ組織から進化したのだろう。とはいえ、以上のような事実があっても、鳥類の進化においてもっとも理解しがたい疑問のひとつである、オスのペニスが縮小ないし喪失したという謎はやはり解決されない。進化において、もっとも効率的な生殖方法が選択されたと考えるのが論理的である。しかし、繁殖において重要な器官であるペニスが失われるというのは、どうも道理にかなっていない気がしてしまう。さらには、言うまでもなく、鳥類は体内受精で生殖を行うからである。生物学的対象としては、まだまだ解明すべきことが残されているのだ。

ヨーロッパクサリヘビ
（*Vipera berus*）

—

ペニスがふたつある！

爬虫類の世界に戻ろう。体内受精を行うワニのオスはペニスをひとつ備えており、縦に開いた総排出腔の開口部から出してくる。このため、オスとメスの区別は非常に困難だ。だが、同じ爬虫類でもヘビやトカゲでは、ペニスはまったく異なる。形はもちろんのこと、なんと数さえも違いがある。そんなことはないだろうと思うかもしれないが、すでに見てきたように、ワニのペニスはクリトリスに似ており、鳥類のなかにもペニスをもつものがいる。だが、さらに驚くべきものもあるのだ……。ワニも鳥も、ペニスがひとつしかないという意味では私たちと同じである。なんと平凡なことだろう！　ところが、トカゲやヘビにはふたつあるのだ。ヘビの場合は「半陰茎」（ヘミペニス）と呼ばれるふたまたのペニスになっており、それぞれにふたつの突起がある。

　ヨーロッパからアジアにかけて分布し、卵が胎内で孵化する「卵胎生」の毒ヘビであるヨーロッパクサリヘビは、ヘミペニスの事例として取り上げるのに、このうえない存在だ。図のように（p.27）、ヘミペニスはふたつの突起からなる。なんて奇妙な現象なんだと考えこんでしまうだろう。詳しく言えば、ヨーロッパクサリヘビはふたつのヘミペニスをもち、それぞれがひとつずつ精巣とつながっている。ただし、こうした強烈なインパクトのある特徴を知るだけでは十分ではない。オスはふたつのヘミペニスを交互に使い、それぞれをメスの膣の一方に挿入する。つまり、メスにも膣がふたつあるのだ。なんとも便利なことではないか！　それから、ヘミペニスは、ペニスをもつ鳥のようにリンパで勃起するのではなく、リンパと血液の組み合わせで勃起する。ヨーロッパクサリヘビの場合、注目すべきことに、ヘミペ

ニスは勃起するというよりも、むしろ裏返るという表現のほうがわかりやすい。な
ぜかというと、ヘミペニスはヨーロッパクサリヘビの体内すなわち尻尾に表裏が反
転した状態で収納されているのだ。ヘビの専門家であるマリオン・セガールは、「ヘ
ミペニスは体内で反転しており、体外に出てくるときに、靴下のようにくるっとひっ
くり返るのだ！」とうまく説明している。進化の観点からすると、この事実には改
めて感動してしまう。ヘビのヘミペニスの形態は、全体的な見た目で言うと、サイ
ズだけでなく、装飾としても大きな「凹凸」があるなど、きわめて多種多様である。
ヨーロッパクサリヘビのヘミペニスの比較対象として、世界最大級の毒ヘビである
キングコブラ（*Ophiophagus hannah*）を見てみると、およそ30センチものヘミペニ
スがあり、触手のようにふたまたに分かれている！　ヘビにはいろんな種類のヘ
ミペニスがある。大きい、小さい、細い、幅が広い、ざらざら、すべすべ、さらには
骨ばった「鉤」がついているものもある。なぜこんなに多様性があるのか？　一体
何があったのか？

　ひとつ確実に言えるのは、研究によって記録されている、豪華に装飾されたヘミ
ペニスの形態は交尾の際に「ロック」がかかるメカニズムに適しているということ
だ。さらに、ヘビのヘミペニスは管状ではなく、表面に精液が流れる溝がついて
いる。マリオン・セガールが考えるように、ヘミペニスの表面はざらざらしている
ことで、精子はとても効率的に運ばれていく。また、ヘミペニスの多彩な形や凹凸は、
交尾中のメスの力強い体の動きと噛み合うようになっている。要するに、ヘミペニ
スの形や突起が複雑になればなるほど、ロックがかかって交尾がさらに長くなり、
オスがより効率的に精子を届けられるようになるのだ。もう充分に驚いただろう
か？　もしまだであれば続けよう。ヘビやカメ、アリのメスは、複数のオスの精子
を数年にわたってためこむことができるのだ！　精子を保管する袋を20個もも
っていて、好きなときに精子を使うメスもいる。「精子バンク」は人間の発明ではな
いのである。もっともよい精子を選ぶことも然り。たとえばヒメフンバエ（*Scatho-
phaga stercoraria*、あるいは率直な表現をすれば「クソバエ」）は、精子のストック
用に袋（受精嚢）を3つもっているが、体が大きなオスの精子から優先的に使い、
その他のストックされた精子を使うのは最後の手段だ。発見すべきことはまだまだ
たくさんある。

ヨーロッパクサリヘビ──ペニスがふたつある！

生殖器のサイズ：約2cm
全長：約60cm

コノハカメレオン

(*Rhampholeon temporalis*)

小さいけど装備は万全!

最大でも全長8センチしかない小型の爬虫類、コノハカメレオンはアフリカ、とくにタンザニアの赤道付近の森に生息する。近縁種であるロゼットノーズカメレオン（*Rhampholeon spinosus*）は、獲物を捕らえる舌がすばやく動くことで知られ、そのスピードは100分の1秒という一瞬の間に時速90キロにも達する！これらの小型のカメレオンでは、さまざまな興味深い現象が観察される。なかでも、万事うまく運べば交尾へといたる求愛の儀式は注目に値する。この誘惑の儀式は、私たちの目にはかなり滑稽に映る。まず、オスは誘惑できそうなメスを探す。模様がはっきりしていてカラフルで、穏やかなメスである。次に、メスよりも小さくて勇敢なオスは、好きになったメスの周りで体を揺さぶり、頭を振って興味を引く。いわば自らを誇示するしぐさであり、その動きにはまったく攻撃性がないが、威圧的に見える。オスのパフォーマンスが成功すれば、メスはオスが背中に乗るのを許す。たいていは一日中オスを背負うことになる。厳密な意味での交尾は、数分から数時間、時には一晩中にわたって続く。ヘビやトカゲのようにヘミペニスを備えており、オスだけが体を動かす。互いの総排出腔が接触すると、ヘミペニスが反転して、メスに挿入される。

　繰り返しになるが、トカゲのペニスの形はきわめて多様である。進化するなかで生殖器の構造は種ごとに多様化したのであり、その要因はいろいろとあるが、とくに交尾のシステムに負うところが大きいだろう。カメレオンではとてもはっきりとした性別の違い、すなわち「性的二型」（オスとメスの生殖器以外の違い）が多様に見られるため、特殊な一例である。オスがメスよりもずっと大きいものもあれば、反対にメスがオスよりもはるかに大きなものもある。オスがメスよりも大きい場合、オスには目の上に突起が見られ、カスクと呼ばれる頭頂の部分が大きく、踵に突起があるといった特徴が備わっている。このような見た目ですぐにわかる性別上のしるしが確認されるのは、縄張り的にはオスが支配し、優位のオスだけが複数のメスと交尾するような配偶システムをもつ種においてである。これらの種（イグアナ科、アガマ科、多くのカメレオン）では、父親になるのは優位のものに限られており、ヘミペニスの形態的な違いは比較的少ない。

　反対に、オスがそれほど縄張りを支配しない、小型で装飾のない種である場合、オオトカゲ下目（オオトカゲ科、ドクトカゲ属……）やコノハカメレオンでは、ヘミペニスの違いはより重要になる。これらの動物では、メスは複数のオスと交尾を行う。かなり興味深い事実であるが、生殖器の多様化は多くの昆虫（カゲロウ目、チョウ目、ハエ目、甲虫類）では交尾パターンに依存する。その割合は、メスが1匹のパートナーとしか交尾しない事例に比べて2倍も高くなる。このメカニズムは、トカゲやヘビのもつメカニズムとおそらく同じだろう。縄張り意識をもたない種であればあるほどメスは複数のオスと交尾を繰り返すことになり、ペニスも多様化する。まるでメスがペニスをあれかこれかと吟味しているかのようである！　ただ1匹のオスとしか交尾しないなら、性器の違いにどれほど関心をもつだろうか？

　そろそろ、この奇妙なヘミペニスの話を締めくくろう。アノール属に含まれるトカゲはふたつのペニス、すなわちヘミペニスをもっていて、体のほかの部位と比べて6倍も速く発達する！　オーストラリアに生息するフトアゴヒゲトカゲ（*Pogona vitticeps*）のオスは、気温が摂氏32度を超えると性別をメスに変えてしまう。

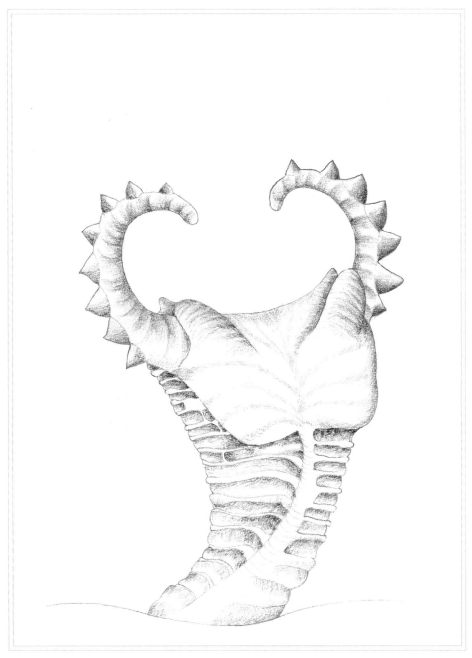

生殖器のサイズ：約 3mm
全長：最大でも 10cm に満たない

31

　発見と解明がまだまだ必要である……。最後に、大部分の有袋類もまた生殖器を
ふたつ有するという事実を付け加えておこう。そのペニスはふたつ同時に勃起し、
メスのふたつの膣とぴったり合致する。また、カンガルーの子どもは、「育児嚢」と
呼ばれる母親の腹部のひだ状の袋の中を、成長を終えるまで移動する。カンガルー
のメスは産後すぐに交尾することができるが、状況が整うまで妊娠しないように着
床遅延が起こり、再び妊娠できるようになるのは、袋の中が空いてからである。知
れば知るほど、オポッサムやカンガルーを見る目が変わるだろう！

ハリモグラ
(*Tachyglossus aculeatus*)

—

4つの先端部をもつペニス！

　動物界におけるさまざまな大きさのペニスや奇妙な形のペニスを見てきたが、いちど鳥類や爬虫類を離れて、ここでは哺乳類を見てみよう。そのなかで注目したいのが単孔類である。この不思議なグループをご存じだろうか？　単孔類としては現在、オーストラリアを象徴する動物であるハリモグラ科の動物（全4種）とカモノハシが生息している。世界の科学者たちは単孔類の形態学や生理学に200年以上にわたり取り組んできた。進化の点からすれば、わたしたち哺乳類の最も古い仲間であり、卵生でありながらも哺乳するという独自のユニークな進化を遂げている。つまり、単孔類は卵の形で産み、卵からかえった子どもに授乳するのである。ハリモグラ（*Tachyglossus aculeatus*）は背中がトゲで覆われており、ボールのように体を丸めて捕食者から身を守る。粘着性のある長い舌を使って、好物のアリやシロアリなどの昆虫を俊敏に捉えることができる。

　爬虫類からいったん話題を変えたはずだが、完全無視はできない。カモノハシのように、哺乳類の特徴と爬虫類の特徴をあわせ持つ生殖器を有する動物もいるのである。ハリモグラの場合、ヘビやトカゲのように総排出腔から排尿する。ハリモグ

ラのペニスは体内に収納されており、総排出腔の内側にある袋の中で収縮している。交尾時にペニスが体外に出てきて、ふたまたの形を露わにする。だが、共通点はここまでであり、オスのハリモグラにはちょっと変わった特徴がある。ふたつに分かれたペニスは、それぞれがまたふたつに分かれていて、先端部が4個ある形をしているのだ！　尿道はこれら4カ所の先端につながっており、これらはひとまとまりの開口部として、精子の振り分けを可能にする。

　先端部が4つに分かれたペニスである！　ハリモグラが一度に使うのはふたつだけなので、4つはやはり多いように感じられる。これらがどんなふうに機能するのかは長い間謎に包まれていたが、実のところ、ペニスは交代制になっていて、片側ずつが交互に使用されるのだとわかった。これはヘビやトカゲにも見られることである。勃起しはじめると、先端部にある4つの「蕾」のようなものが徐々に大きくなってくる。勃起が進んでくると、4つのうちふたつが収縮し、充血したほかのふたつに場を譲る。充血して完全に勃起したふたつは交尾相手となるメスの生殖器の形状にぴったりと合うようになる。驚かずにいられるだろうか？　そして、交尾方法もまた個性的である。

　少しずつ話を進めよう……。ハリモグラは5〜12年で性成熟期を迎える。それ以降、繁殖の頻度はオス、メスともに2〜6年に1回であり、45年ほどの寿命のなかで種の生存を図っていく。ここから、より刺激のある話をしよう！　ハリモグラの求愛行動はなんと7〜37日も続く。この間、メスのフェロモンに引き寄せられたオスが1〜10匹ほど、メスのあとを追いかける。オスたちは1列に並んで整然と歩いていく。これを「恋の列車」と呼ぶ人もいる。実にロマンチックだ。とはいえ、メスが選ぶオスは1匹だけである。選ばれし幸運なオスは、30〜180分をかけて交尾を行う。ちなみに、ヒトの性交における挿入時間は平均6分未満だとされる。それはさておき、ハリモグラの交尾は、頭を突き合わせて行われることもあれば、尻尾を絡ませた状態で頭を反対向きにしてなされることもあり、オスはしばしば横向きになり、メスは腹ばいになる。受精すると妊娠期間は21〜28日ほどであり、期間が過ぎるとメスは卵を1個だけ生む。メスは産卵後すぐに腹部にある小さな育児嚢に卵を入れる。この行動から哺乳類のもつ母性本能に近い感覚を見てとれる……。

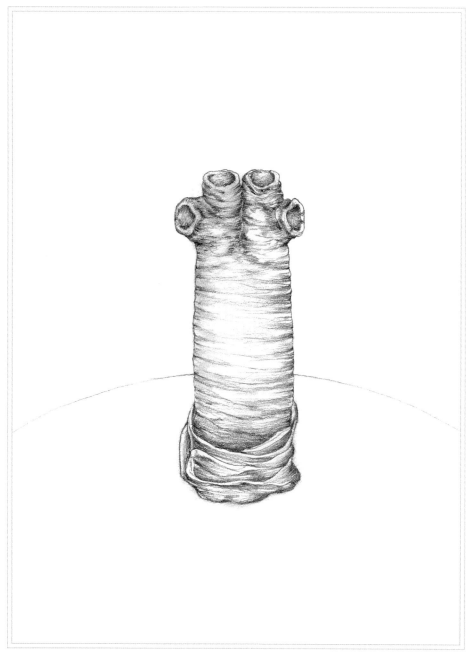

生殖器のサイズ：約8cm
体長：約40cm

卵は 10 日ほどで孵化する。子どもには「卵歯」と呼ばれる白い角質が鼻の先について
おり、これを使って卵殻を割るのだ。卵歯は孵化してしばらくすると自然に摩耗
してなくなる。

　生まれたばかりのときは体長は約 1.5 センチ、体重は 0.3 ～ 0.4 グラムしかない。
単孔類に乳房はないが、ハリモグラの子どもは、母親の皮膚についた乳腺から分泌
される、鉄分を豊富に含んだピンク色の母乳を摂取する。生後 2 ～ 3 ヶ月になると、
子どもの背中にはトゲが現れて、母親の袋からも出る。乳の量もだんだん減り、6 ヶ
月になると乳離れする。生後 1 年ぐらいには巣穴や母親から離れる。4 つの先端部
から始まる物語もここで一つの区切りを迎えるのだ。

オカヤドカリ
（*Coenobita sp.*）

家あればこそ（ペニスが長くなった）！

ヤドカリといえば水中に生息する甲殻類だが、浜辺に近い沿岸部や森林などの陸上でも暮らすものもいる。ここで紹介するサキシマオカヤドカリ（*Coenobita perlatus*）は、マダガスカルからポリネシアまでのインド・太平洋地域の海辺の砂浜や砂丘に生息する。この十脚目の生物は、柔らかい腹部を保護する必要から、また、成長に応じて住みかを変えていくため、空となった腹足類の殻を手に入れたり、仲間の貝殻をかすめ取ったりする。「空家連鎖」を行うことでも有名だ！　程よい住みかが見つかるまで待機するケースもあり、その待機リストに載るものは一列に整列する。つまり、住みかを移るとき、大きいヤドカリから小さいものへと順番に並び、一番大きいヤドカリが体に合った貝殻を見つけると、二番目に大きいヤドカリは最初のヤドカリが捨てていった貝殻に移り、と順番に繰り上がっていくのである！さらに、小型の動物ながら、ヤドカリは環境のなかでうまく生き抜くために、他の生物との共生関係を作り上げてきた。ヤドカリは、海綿動物を貝殻の上に乗せて隠れ、敵から身を守る。貝殻を替えるときは海綿動物をいちど取り外して、新しい貝殻の上にひっつける！　イソギンチャクとの共生もしばしば見られ、イソギンチャクの触手にある刺胞で魚などの捕食者から身を守ってもらっている。このような共生の

成功には、ヤドカリの便利な一対の鋏が役立っている。貝殻や餌を摑む、それを操作する、自分をきれいにする、移動する、と鋏を非常に効果的に使っていることが私の研究でもわかった。しかし、他の研究者たちが発見したことは私の想像をはるかに超えるものだった。

　ヤドカリはできるかぎりのことをして住みかを守る。もちろん自分の身を守るためだが、それだけではない。家があることによって、危険にさらされずに交尾することができるのだ。やはり、サイズは重要なようだ。ヤドカリのペニスはとても長いため、貝殻から出ずに交尾ができるのだ！　おかげで交尾中にも身を守ることができるし、交尾をしている隙に貝殻を盗まれる恐れもない！　交尾をするとき、メスを受精させるのに、オスはどうしても体の一部を貝殻から外に出さなければならない。ヤドカリのペニスは、正確には「精管」と呼ぶべきものであるが、これがメスの生殖孔の開く位置に置かれる。オスはそこに精子を含んだゼラチン状の物質を放出する。このとき、オスはほとんどむき出しになって無防備な状態に陥る。大切な貝殻をこっそり盗られることもある！　ほかのヤドカリに盗まれたら大変で、オカヤドカリは乾燥してしまい、１日で死んでしまうのだ。陸生および水生ヤドカリ９種・328例の標本を対象として行われた研究によると、ヤドカリのなかには進化の過程で「ペニス」が大きくなったものがあり、それは交尾中に大切な財産を盗まれないようにするための進化だといえる。水生のヤドカリとは反対に、陸生のヤドカリには自分で住みかを改装するものもいる。貝殻を軽くして扱いやすくしたり、移動しやすくしたりするためだ。こうして、離れがたい立派な家ができあがる。改装をする陸生のヤドカリは細工をしないものに比べると、ペニスが大きい（体の大きさに対して）。当然すべての貝殻が同じように作られているわけではない！　一番人気があるのはリフォームされた貝殻なのだ。

　結局、オカヤドカリの大きなペニスは、形態的な適応から生じるのだ。オスの個体はこの適応によって、交尾のときに貝殻の外に長いペニスを伸ばし、豪華な家を守ることが可能となる。これぞセーフセックスだ！　貝殻という「私有地」は、大きなペニスに進化するうえできわめて重要な役割を果たした。想像しがたいことである！

オカヤドカリ——家あればこそ（ペニスが長くなった）！

生殖器のサイズ：約2cm
体高：約8cm

　生物の進化により、動物の生殖器には膨大な多様性が生まれた。本章で挙げた事例から、ペニスや交尾と関連した形や大きさ、行動の多様性の一端が垣間見えたのではないだろうか。次章では、ペニスの形の自在な変化が、多様で変わった機能と結びついていることを見てみよう……。

TROUVER SON CHEMIN.
ÊTRE AU PLUS PRÈS

II

できるだけ近づいて
メスの生殖器を探りあてる。

マレーバク

（*Tapirus indicus*）

—

自在に動くペニス!

マレーバクは、背中に「鞍」を着けているように見える白い胴体が特徴的なバクで、現在生息している5種のバクのなかで最大である。アジアに生息する唯一のバクとして知られ、胴体だけでなく、両耳の先端も白くなっているので、すぐにマレーバクだとわかる。単独で生活し、繁殖期は春である。メスの妊娠期間はおよそ400日と長く、一般的には2年に1回、1頭ずつ出産する。頭部についた鼻は、物を摑むこともできる。だが、もっとも驚くべき身体的な特徴は別にある。マレーバクは自力でパートナーの膣への入り口を見つけることのできる、自在に動く器官を隠しもっているのだ。言うまでもなく、ペニスのことである！

イルカや後で見るゾウのように、マレーバクの巨大なペニスはとても軽やかに動くなど、オスにとっては交尾に最適化されたペニスとなっているのだ。普段は蛇腹状に折りたたまれていて、体内に収納されているので、傍から見たらそうは思えないだろう。マレーバクのペニスの亀頭は、キノコのようなユニークな形をしている。しかし本当のユニークさはそこにはない。それは「道を見つける」能力にある！ペニスが自在に動いて（もちろん体も一緒についていくのだけれど）、メスの生殖器

生殖器のサイズ：約 90 cm
体長：約 1.8 m

を探りあてるのである。このペニスの動きは誘惑と繁殖のためのテクニックであり、交尾を確実に成功させるために、なんとも効果的な適応をなしたものである。

　マレーバクの巨大な生殖器は謎めいているので、奔放な想像力を大いに発揮した民話が生まれた。そこには「森の男根の精」が登場することもある。ただ、とても悲しいことに、生息地の破壊により絶滅の危機に瀕している。そのこともあって、今日ではマレーバクの生殖の研究が進んでいる。現在生息しているのは、野生で2000頭以下、世界中の動物園で約200頭を数えるのみである……。さらに、マレーバクの飼育下での繁殖は大変難しい。フランス・パリ植物園付属動物園に当時はまだ2才だった子ども（オス）のマレーバク「トンガ」が来たときのことをいつも思い出す。来園した子どもたちのはしゃぐ様子を前にして、新しい環境に慣れずにくるくると歩くトンガの姿は私たちを魅了した。メスもやって来たので、種が受け継がれることを願うばかりだ。

アフリカゾウ
(*Loxodonta africana*)

―

第二の鼻

オスのアフリカゾウは大人になると、体高は 4 メートルほど、体重は 6 トンに達する。大人のメスは、体高が 3 メートル、重さは約 4 トンにもなる。15 歳ごろに性成熟を迎えるが、オスが生殖行為を始めるのは 30 歳を過ぎてからである。これぐらいの年齢になると、オスは十分にたくましくなって、妊娠をしていない、あるいは子育てをしていないメスを巡って争うようになる。メスの妊娠期間は 22 か月と哺乳類では最長であり、子ゾウの授乳期は長くて 4 歳まで続く……。つまり、ゾウはだいたい 5 年ごとに性関係を結ぶのだ！ オスが切実になるのも理解できる。マスト期と呼ばれるゾウの発情期には、主たる男性ホルモンである「テストステロン」の数値は平時より 50 倍も増加する。オスは耳をばたつかせ、頭を振って、2 メートルもある堂々としたペニスを誇示する。もともと魅力的である動物なうえに、「第二の鼻」をもっているのだ！ それは巨大であるだけではなく、感覚的にも物理的にも物を摑むことができる。これでは、マレーバクのペニスも取るに足らないものに見えてしまう。成長したオスを観察した結果によると、オスがペニスを使って立ち上がったり、ハエを叩き落としたり、腹を搔いたりしたことがあるそうだ！ 同僚のセリーヌ・ウッサンは、南アフリカ共和国のクルーガー国立公園にいるアフリカゾウでまさにこのような行為を見ている。たしかに、ペニスで葉や果物、枝や木などを拾ったりできるようだ。ところで、メスの生殖器は長さ 3 メートルもあるとされる。膣の入口は、オスが挿入する開口部から 1.3 メートルも奥にある。ペニスは勃起すると 2 メートルにもなるが、必ずしもメスの膣にまで挿入するわけではない。このような独自の形態は、海洋生物だった祖先の名残であり、奥まった仕組みで女性器に水が入らないようになっていたのだ。なお、ゾウのクリトリスの長さはおよそ 40 センチもある。

　しかし、ゾウが交尾する際に、ペニスが「第二の鼻」である必要は本当にあるのか？　もちろんである！　物を摑むことができて器用に動くペニスは、体重が6トンもあるゾウにとっては便利なのだ。これほど大きな動物なので、無理のない交尾姿勢をとり、交尾の成功に必要なリズミカルな動きをつけるのは得策なくしては困難である。巨体ゆえに交尾もかなり短くて、だいたい20〜30秒で終わる。こんな短時間で迷わずに目的を果たさなければならない！　そこでこのペニスが活躍することになる。ペニスにすべてのことを任せることができるからである。話はもう少し続く。マスト期になると、オスのゾウは、強烈なにおいを放つ濃い緑色の尿を出す。オスはこれに泥を混ぜて、そこに転がったり、メスに吹きかけたりして、メスを誘惑するのである……。ナミビアや南アフリカのゾウを対象に研究を進めている私たちのチームでは、鼻を使ってマスターベーションをするゾウを観察したこともある。

　ゾウやクジラ以上に、桁外れの生殖器をもつのは小型の生物である。全長数センチしかない雌雄同体の小さな甲殻類であるフジツボのペニスは体の8倍もの長さがあるのだ！
　世界でもっとも大きな精子はというと、コバエのものである！　厳密に言えば、「ドロソフィラ・ビフルカ」（*Drosophila bifurca*）と呼ばれる小さなショウジョウバエのそれで、折りたたまれた精子を作り出す。これが展開されると、体の20倍の大きさ、全長6センチにもなる！
　もっとも大きなペニスはゾウのような巨大な動物に備わっているが、もっとも大きな精子はコバエのものである。信じがたいが、それが進化である。大型の動物ほど射精のスピードが速く、小型の動物とは真逆である。これはどういうことだろうか？　巨大な精子であることで射精の勢いの弱いことを補い、小さな精子は速い射精だが穏やかに届く。大きな精子はゆっくりと射出されるが卵子を探りあてるチャンスが与えられ、小さな精子は超速で送りこまれても破壊されずに受精に至るのだ！

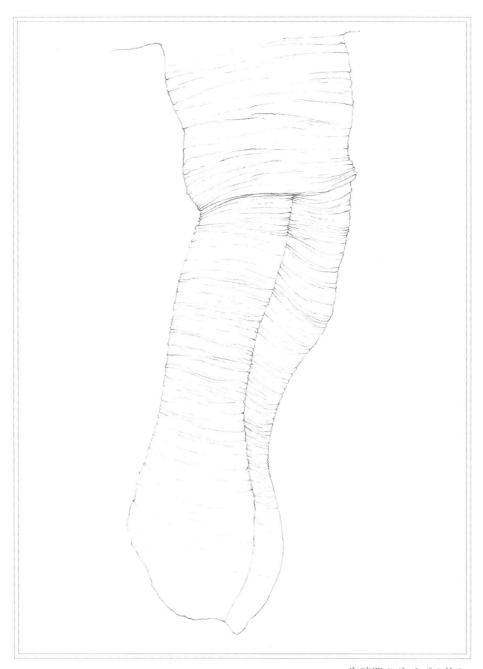

生殖器のサイズ：約2m
体高：約4m

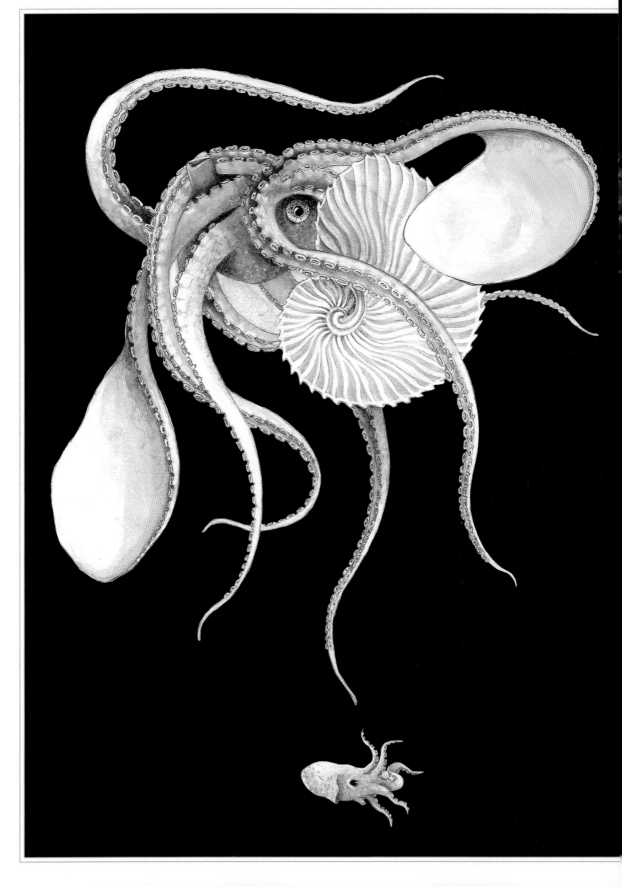

アオイガイ
(*Argonauta argo*)

—

ペニスを取り外す！

フジツボは、岩礁などに固着して移動できないことで長いペニスを発達させた。これに対し、アオイガイはまったく違う戦略を選んだ。なんと生殖器を取り外すのである！　前置きとして少し説明しておこう。

　アオイガイは軟体動物の頭足類に属しており、イカやタコの近縁種である。メスは左右の第１腕を使い、炭酸カルシウムを分泌して「小舟」とも呼ばれる白い巻き貝を作る。この貝殻を作るのはメスだけであり、それはやがて卵を保存し、保護するためのものとする。貝殻を形成する薄い膜は船の帆のようにも見える。ギリシャ神話の船乗りたちをイメージして、スウェーデンの博物学者リンネはアオイガイに「アルゴー船の船員」（argonaute）という学名をつけたのだろう。こうした歴史的な経緯はさておき、メスには貝殻があるので、アオイガイの性的二型はかなりはっきりしている。また、違いは大きさからもすぐにわかる。オスは１〜２センチしかないが、メスは成長すると 40 〜 50 センチにもおよぶ。つまり、メスはオスよりも 10 〜 50 倍も大きいのだ。この小さく哀れなオスにとても親しみを覚えるが、その大きな困難を見逃すわけにもいかない。そんなに大きさが違うのに、どうやって生殖を

するのかということだ。なんとここでも、オスはメスと交尾するための解決策を見つけている。一体どんな解決策だろうか！

　アオイガイには8本の腕がある。オスの場合、左の第3腕はとくに大きい。これは「交接腕」と呼ばれる交尾用の腕になっており、ほかの腕とは異なる機能を担う。要するに、ペニスの役割を果たす腕なのである！　交接腕は精子の容器である「精包」として発達した腕であり、先端はペニスのように細くなっている。つまり、精子を腕に貯めて、メスに届けるのである……。いやいや、それだけではない！　もう少しよく見てみよう。オスのアオイガイはメスの交尾口に交接腕を挿入し、精包を運ぶのだ。この腕はメスの「外套膜」の中で、何時間も「外套腔」を探し続けることができる。これが交尾中にオスメス間で行われる唯一の接触である。交接腕の先端にあるアオイガイのペニスは、メスの外套腔に辿りつけば切り離されるのだから、なんとも変わった触れ合いである！　取り外せるペニスなんてあるのか？　あるのだ！　私たちにとっては驚くばかりである。フランスの偉大な生物学者ジョルジュ・キュヴィエも驚くだろう。キュヴィエは、メスのアオイガイのなかに交接腕があるのを発見した人物なのだが、彼はそれを寄生虫だと思い違いをして交接腕に「Hectocotyle」（百イボ虫）という名前をつけたのだ！

　実のところ、キュヴィエよりもアリストテレスが紀元前四世紀に書いた『動物誌』の記述の方が正しかったのだ。あれは寄生虫ではなく、交接腕だったのだ。交接腕はオスの左眼の下のあたりで発達し、性成熟を迎えると現れる。驚くべきことに、メスは卵を産む準備ができるまで、貝殻のしかるべきところに精包を保管しておく。オスはたいてい交尾後数カ月で死に、メスに食べられてしまうこともある。メスは卵を保護し、卵嚢の中で数週間を過ごして成長した子どもたちはやがて夜間に孵化する。メスは孵化後に死んでいく。ほかにも注目すべきことがある。実は、メスの中から複数のオスの交接腕が見つかることがあるのだ。メスが最適の精包を選別しているのだろうか？

生殖器のサイズ：約5cm
メスの体長：約30cm

マガモ

(*Anas platyrhynchos*)

—

らせん状の荒ぶるペニス

カモのペニスは、受精の最適化をはかるために卵にできるだけ接近するようにできている。カモのペニスは、血液ではなくリンパによって勃起する。このタイプの勃起があることの理由はまだよくわかっていないが、相手の戦略に適応しながら発達していく「進化的軍拡競争」を反映した現象なのだろう。つまり、オスのカモは、メスに性的関係を強要することが多く、遺伝子を拡散させることを目的とする。そのため、ペニスがすぐに伸びたり、深部で受精ができるリンパによる勃起をするのであろう。もちろん、メスはこれに対して自分の身を守ろうとする……。説明しよう。

交尾については、ほとんどすべての鳥類が「総排出腔接触」を行う。オスはメスの上に乗り、自分の総排出腔を相手の総排出腔にくっつけて、精子をメスに届けるのである。そのため鳥類の約97％はペニスをもたず、これが進化においては好都合だった（もっとも、その理由はまだ謎に包まれている）。珍しく外性器を備えているのは、ガンやハクチョウ、カモ、ダチョウ、レア、エミューといった種である。繁殖期の春にはペニスが発達して、繁殖期が終わると消えるが、次の春にはまたペニスが現れるのである！ これらの種のように、総排出腔を使った穏やかな交尾を知ら

ない多くのメスにとっては、恋の季節は悪夢でしかないのだ。

　カモはこの少数派に属する鳥である。なかにはオスによる強要とは無縁のカップルもあり、彼らは静かな性行動をとる！　しかし、すべてのカモがそうだというわけではない……。マガモを見に出かけて、パンやお菓子をあげた人もいるだろう。カモはよくつがいで歩いているし、とても美しく、かわいらしく、いじらしくも思える。しかし、心を揺さぶる小さな動物に見えても、オスの実態はそんな見かけとはかけ離れたものなのだ。繁殖期になると、オス同士の競争は熾烈になる。メスの数に比べると、オスは非常に多いためなおさらだ。グループ内の緊張感も非常に高まり、派手な行動が出てくる。カモは繁殖の機会を最適化するために、さまざまな解決策を編み出すが、私たちの目には、いずれ劣らずおぞましいものだ！

　第一の解決策は集団での強制的交尾である。実際、メスのマガモの半数が交尾を強要されたことがあるはずだ。「カモを告発せよ」だが、強制的交尾をするのはカモだけではない。「愛らしい顔をしているが、変わった性癖をもつ」動物としては、ラッコ（*Enhydra lutris*）を挙げておこう。ご存じ、愛らしい肉食の海洋生物である。ラッコの場合、メスと交尾できないことで欲望を抑えられたオスは、極度にストレスを感じると、「身の回りにあるものを何でも利用する」。ストレスを感じたオスのラッコは、アザラシの赤ちゃんさえも「襲う」ことで、欲求不満を解消しようとすることが本当にある。オスのラッコは、アザラシの赤ちゃんを摑んで、1時間半以上も水の中に頭を浸けて殺してしまう……。また、南極大陸ではアザラシによるペンギンへの強制的交尾がいくつも確認されている。アザラシはなにか復讐でもしているのだろうか？　おそらくそうではない。大きくなるアザラシの個体群に対してアザラシのテリトリーはだんだんと狭まっており、それゆえ若いオスは自分がしたい交尾の場面を目撃することも多くなり、それが彼らをそのような行為に駆り立てるのではないか。同僚の研究者たちの間では「レイプ」よりも「性的強制」のほうをよく使うが、行為を強いていることには変わりがない。といっても、ペンギンが告発を免れるわけではない！　けがをしたメスや巣から落ちたひな鳥、死骸やほかのオスとさえ交尾するオスのアデリーペンギン（*Pygoscelis adeliae*）が報告されている。ラッコを告発せよ！　アザラシを告発せよ！　ペンギンを告発せよ！

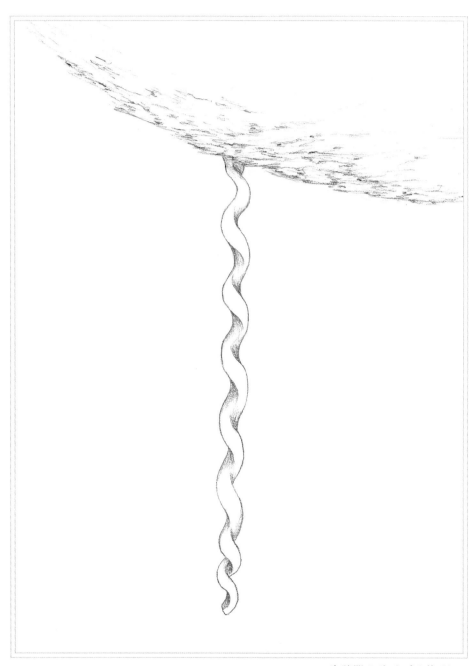

生殖器のサイズ：約20cm
全長：約55cm

　こうした事例を挙げていくと（たぶん網羅的ではないが……）、強制的交尾をするカモも、それほど特異には見えなくなる。

　マガモは強制的交尾（人間の立場からすれば非常に不愉快な行動だが、マガモにとっては最適の繁殖戦略である）をするほかに、生殖を最適化するための第二の解決策をも編み出した。メスの生殖器への強制的な侵入を容易にするために、コルク栓抜きのようならせん状のペニスをもつに至ったのだ。驚くべきことだ……。一方、メスはメスで自分の身を守るために、適応戦略を発達させたことも感動的である。この勇気にあふれた類いまれな適応について考えてみよう……。カモのメスは、蛇行するような膣を発達させたのだ。オスのペニスとは、らせんの向きが逆になった、迷路のような作りになっているので、力づくでの挿入を回避できるのである。こんな信じられないことがあるだろうか！　しかし、メスにとってはありがたくないことに、話はこれで終わらない。まさに「性別間の戦争」である……。今度はオスが、メスの曲がりくねった膣に合う長さのペニスを獲得するという適応を見せたのだ。残念ながら、メスをめぐる競争相手が多いほど、オスはペニスの大きさをますます発達させるのである！　攻撃的で軽薄なアカオタテガモ（*Oxyura jamaicensis*）のオスの場合、繁殖期にはもっとも力の強い優位者がペニスを「爆発的」に勃起させると、ペニスは自分の体よりも長い、全長20センチにも達する！　瞬く間にオスはテストステロンの影響によって恍惚となり、睾丸を膨張させながら（1グラムから125グラムになる）らせん状のペニスを誇示して瞬く間にメスを襲う。また、オス同士の競争が激しくなるほど、そのペニスも長くなる。南米の湖に生息するコバシオタテガモ（*Oxyura vittata*）は、らせん状のペニスが伸びると、長さは42.5センチにもおよぶ！　全長40センチほどのカモにしては長いものである……。繁殖に有利な立場を象徴することかもしれないが、メスのカモにとって、交尾はやはり苦難である。

　しかし、こんな苦難もなんの、メスもあきらめない。らせん状の膣では不十分だからと、好みでないオスの精子をなんとかブロックするメスのカモもいる。小さな「弁」を使ってブロックするのだ！　また、水の上を歩く昆虫であるアメンボのメスは、膣を閉じることができる。信じられるだろうか！　ほかにも、好ましくない精子を拒絶する戦略を発達させたメスがいる。ハンモックのような巣を作るヒメグモ

科のクモにも、迷路状の膣をもつものがいて、これが錠のようになって、精子が卵^{らん}に到達するのを防ぐのである。これと決めたオスのときだけ、メスは体内にある「ロック」を開くのだ！　昆虫や軟体動物のなかにもこうしたテクニックをマスターしているものがいるし、イルカのように膣への挿入を制限するひだが備わっているものもいる。交尾中にメスが細やかな動きをして、ペニスを間違った膣の方へ導いて、受精を妨げることさえある！　これぞまさしく本物の「リズム法」による避妊だ。啞然とするばかりだが、驚きはまだ終わらない……。たとえばチョウの仲間には、「交尾嚢」をもつものもある。この特殊な生殖器は、貯めた精子や受精を望まない精子を分解消化する機能をもつ。精子はタンパク質を豊富に含むので、メスも損ばかりではないのだ。

マダラコウラナメクジ

（*Limax maximus*）

交尾後のペニスが犠牲を強いられる！

　体長が20センチにもおよぶマダラコウラナメクジは、中央ヨーロッパに生息する腹足綱で、湿地や河川などの水辺の近くや、森や庭といった湿気の多い温暖な場所に生息している。植物やコケ、キノコ、枯れ木、ときには仲間の死骸を食べる。とんだグルメである……。表面にちりばめられた茶色い染みに名前は由来する。とはいえ、このマダラコウラナメクジが有名なのはそんな理由からではない。自分の体と同じぐらいの長さの青みがかった生殖器を見せるという、華々しい交尾で知られるのだ。

　まず、多くの腹足綱は雌雄同体であることを覚えておこう。つまり、ひとつの個体がオスとメスの生殖器を合わせもつ。便利なことである……。カタツムリの場合、自分の卵と精子で自家受精を行うことも可能ではあるが、それでも交尾する相手を探す。とはいえ、ほとんどの種において交尾はそれほど派手なものではない……。いくつかの腹足綱には「恋矢」と呼ばれる槍状の器官があって、交尾に際してパートナーの体にこの石灰質の矢を突き刺し合うのであるが、この荒っぽい行動によって受精の成功率が高まると考えられている。

　ナメクジは、カタツムリと同じく雌雄同体である。より正確に言うと、マダラコ
ウラナメクジ（*Limax maximus*）は、初めはオスだが、特定のホルモンの影響でメ
スに変わる。なかには、性行動の悦びを知ることもなく、自家受精して繁殖する「自
殖」の個体さえいる。そう、悦びがあるのだ……。マダラコウラナメクジの交尾は
本当に印象的である。つがいは曲芸師のように木や建物によじ登り、粘液がついた
糸を使って宙づりになって、空中で絡みつくのである。息を呑む光景だ！　めまい
がしそうだが、つがいにとっては刺激的だろう！　生々しいものが苦手な人は目を
逸らした方がいいかもしれない。というのも、大きな突起物が頭の後ろから出てく
るからである！　これがペニスであり、これを使って交尾を行うのだ。詳しく見て
みると、つがいはそれぞれがペニスを下に垂らし、互いに巻きついていく。絡み合っ
たマダラコウラナメクジの大きな突起物は重力によって膨らみ、受精を最適化させ
ていく。互いに先端にある精子を交換し、やがてそれぞれがペニスを体内に戻して、
厳密な意味での受精が行われる。青みがかった白色をした生殖器と体内を流れる体
液がどこか崇高なものにさえ見えてくる。このような交尾が終わると、マダラコウ
ラナメクジはそれぞれ 200 個ほどの卵を産み、気候条件次第だが 20 〜 40 日後に孵
化する。

　だが、夢想もここまでである。ある種のナメクジでは、ペニスは体長の 2 倍に
もおよぶので、恐怖心に襲われる。ちなみにバナナナメクジ（スレンダー・バナ
ナスラッグ）（*Ariolimax dolichophallus*）のペニスは 30 センチにも達する。体長と
の割合でいえば、おそらく世界でもっとも大きなペニスのひとつだろう。そして最
悪なケースとしては、数時間にもわたった交尾の後に、パートナーにくっついたま
ま離れられなくなることもある。だが、素晴らしいパートナーはためらうことなく、
ペニスに噛みついて引きはがそうとする……。これは「アポファレーション」（性
器噛み切り）と呼ばれる興味深い現象である。ペニスを噛み切られたナメクジは、
それからはメスとして生きることを余儀なくされるのだ……。

マダラコウラナメクジ──交尾後のペニスが犠牲を強いられる！

生殖器のサイズ：約30cm
体長：約15 〜 20cm

III

ナンパを邪魔する。

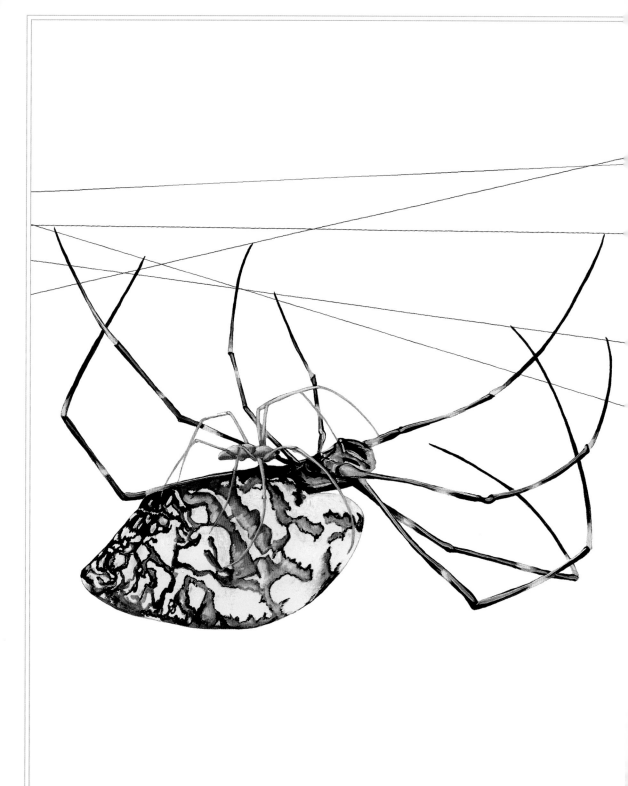

ジョロウグモ

(*Nephila sp.*)

——

オスが究極の犠牲を払う

こ こまで、生殖における解決策としての予想外の大きさや形のペニス、動きながらより楽に挿入する方法を探るペニスなどについて述べてきた。だが、オスの編み出した解決策はそれにとどまらない。ほかのオスたちがメスに近づかないようにブロックするのである……。より多くの卵と精子を合体させて生殖を確かなものとするために、オスはできるだけたくさんのメスと交尾をしようとする。

　同様に、いわゆる一妻多夫のメスは複数のオスと交接をする。さらに、昆虫や軟体動物、あるいはクモのなかには、精子を貯める器官である「受精嚢」をもっているメスもいる。活発な精子をためこんでおいて、あとで使用するのである！　いずれにせよ、自分の精子で卵を受精させようとするオスたちの間での競争（精子競合）は非常に厳しいものがある。このような競争は、確実に父親になるための適合戦略の発展と密接な関係がある。その目的は、自分の精子がほかのオスの精子に押しのけられずにメスを受精させる確率を上げることにある。複雑かもしれないが、シンプルに言えば確実に父親になることが大切なのである！　では、メスがすでにためこんだライバルの精子をどうやって排除するのか？　メスのほかのオスとの交尾や

交接をどうやって阻止するのか？　自分の精子を最大限に使ってもらうにはどうすればいいのか？　蚊、チョウ、カメムシ、甲虫類など多くの昆虫では、オスは「交尾抑制物質」をメスに渡して、その後のメスの交尾の受け入れを抑えるのである！つまり、オスはメスを嫌われ者にするのだ！　もう少し丁寧に言うと、オスはメスの魅力を奪って、一夫一婦を強いるのである！

　だが、さらなる発展を遂げたものもいる。この素晴らしいテーマを説明するのに、真っ先に挙げたいのが……クモである！　クモは嫌われ者だが、それは不当な扱いだ。クリスティーヌ・ロラール（私の同僚でクモの専門家）の講演を聞くたびに、私はクモがますます好きになる。クモには並外れたところがあり、そのほとんどが見事なものだと言ってよい。非常に美しいジョロウグモ（Nephila clavata）もそのひとつである。私たちの関心を引きつけるジョロウグモの行動は、強烈な印象を与えると言えるだろう。というのも、クモガタ類では、生殖はきわめて残酷だからである。残酷なのか？　そう、オスにとっては……。始まりはむしろ無害だ。まずはオスがマスターベーションをして、精子を集める。マスターベーションが終わると、オスは触肢（オスのクモの頭部にある一対の付属肢で、昆虫の口器と同じようなもの）と呼ばれる部位に精子を乗せ、触肢の先端にある交接用の器官である「触肢器」に精子をためこむ。交接に及ぶと、オスはこの触肢を使って、メスの腹部の下にある受精嚢に精子を届けるのである。

　クモの交接では、触肢はなくてはならない器官である。「脚」のような器官であり、先端の「触肢器」は、先ほどの同僚クリスティーヌの言葉を借りればボクシンググローブに似ている！　またこの触肢は、オスとメスを区別する重要な基準でもある。ジョロウグモのような種では、オスは触肢器をメスの生殖口に挿入し、自分が選ばれるように触肢器を残していく！　そして、オスの触肢器が残ることで、メスの「外雌器」（生殖口）には栓がされる。次にやって来るオスに席を譲らないための優れた方法で、少々乱暴ではあるが効率的な解決策である。また、驚くべきことに、種によってオスはそれぞれ違う触肢器をもっており、メスの生殖口への挿入は同じようにはならない！　こうしたテクニックを使えば、受精は遠隔でできるし、繁殖の機会も増大するのだから、とても実践的である……。

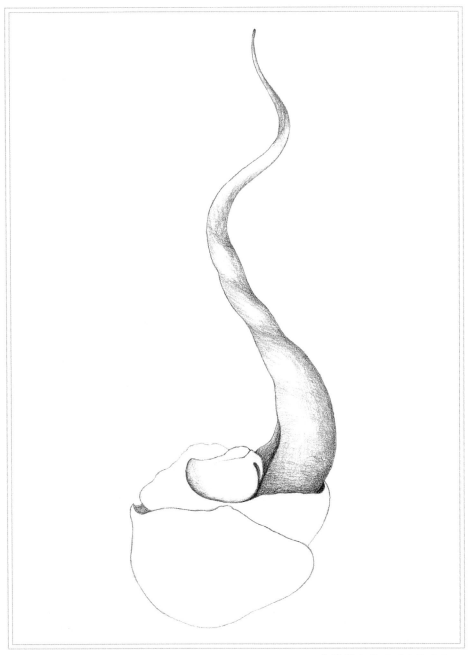

生殖器のサイズ：約 0.8mm
体長：約 5cm

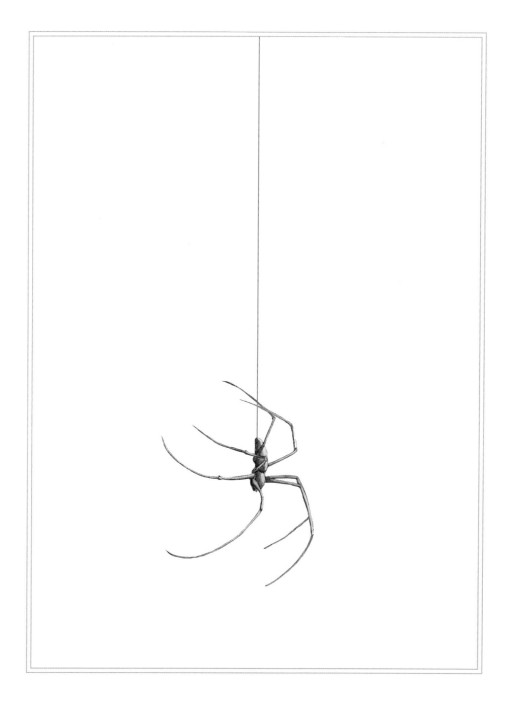

　各々が自分なりのテクニックをもっているわけだが、その目的はただひとつ。ほかのオスに誘惑されたメスを受精させないようにすることである。触肢器を預けたオスの中には巣にとどまり、競争相手を攻撃して自分の遠隔受精を死守するものもいるのだ！　触肢器を失ったオスは無傷のオスよりも攻撃的である。それはそうだろう……。しかし、触肢器を残していくという行為は、生まれてくる子のたったひとりの父親になるためだけではなく、自分自身の命を守るためのものでもある。オスのサバイバル術なのだ。よく知られているように、メスのクモのなかには共食いをするものもいる。触肢器を放棄することでオスはメスから遠ざかり、食べられることを回避できるのだ。ジョロウグモでは、オスはメスよりも小さく、その性的二型は顕著である。触肢器を手放した後に受精となるわけなので、はたして、小さなオスは生き残りをはかるためにその場を去るのか、否か……。自身の生殖器を放棄する戦略はメスの殺人的な行動に対応するような形で発達したのかもしれない。オスの成功を祈るばかりである……。

オスミツバチ

(*Anthohila sp.*)

女王バチに栓をする

フランス語で「オスミツバチ」のことを「フォー・ブルドン」(faux bourdon：ニセのマルハナバチ）という。メスミツバチとは違って、針をもたず、花の蜜や花粉を集めることもない。オスミツバチは未受精卵が孵化したもので、結婚飛行のあいだに女王バチと交尾を行う。結構なことだ。それは実際にはどのように繰り広げられているのだろうか……。

　オスミツバチの場合、ペニスは体内にある。袋状になったそのペニスは「内陰茎」とも呼ばれる。オスにとって交尾は賭け事のようなものである。というのもいくつかの例外を除いて、オスのほとんどは交尾後に死んでしまうからだ。その一方で女王バチが死ぬことはなく、5〜20匹ほどのオスと交尾をする……。それゆえ、オスミツバチは、メス、いや、女王と1回かぎりの抱擁のチャンスを最適化して迎えなければならない！　オスはまず空中でメスと接触し、メスの上に乗りかかる。それから6本の脚とペニスの付け根にある小さな鉤状の部位を使ってメスにしがみつく。交尾は10〜40メートルの上空を飛びながら行われるので、オスはメスをしっかりと摑んでいなければならない！

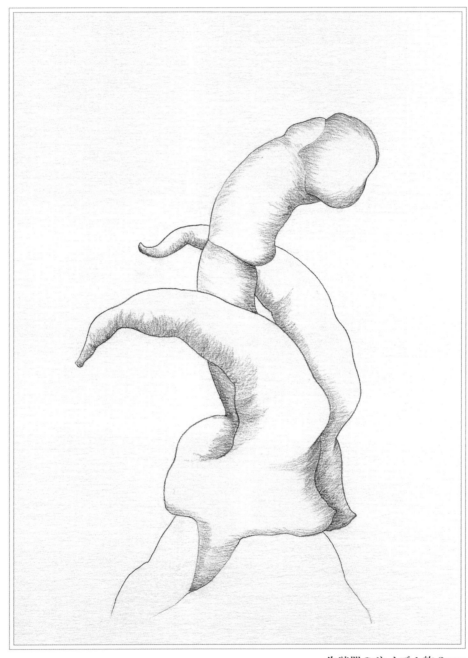

生殖器のサイズ：約3mm
体長：約1.2cm

メスをしっかりととらえるとオスの腹筋が収縮して血リンパの圧力が高まり、ペニスが「膨張」する。そのときペニスはくるっと反転する。ヘビ（Ⅰ章を参照）のところでもすでに見たが、靴下のように裏返るのだ。こうしてペニスは女王バチの体内に挿入される。その時間は……せいぜい１〜５秒である。あっという間だが効率的だ。オスミツバチのペニスからは、大量の精液が高速かつ強力に射出されるのである。その射精は爆発のようで、オスミツバチは後方に吹き飛ばされ、女王バチとも離れてしまう。あまりにも激しく引き離されるので、ペニスである内陰茎はふたつにちぎれてしまう。先端のほう（名前がないので交尾器としておく）は女王バチの体内に残される……。オスにとってはトラウマになりそうなことだ！　ペニスは一瞬でちぎれてしまうが、精子は女王バチの「刺針室」と呼ばれる部位に送られ、やがて人の耳でもかすかに聞き取れる小さな「破裂音」とともに産卵管に届けられる！　オスは吹き飛ばされたあとに、長くは生きられないが、残った交尾器は次のオスに対する「交尾標識」の役目を果たしてくれる……。あとから来たオスはそれでもチャンスをものにしようとするだろう。実際に女王バチは複数のオスのおよそ１億もの精子をためこむことがわかっている。だが、最初に来たオスの精子は女王バチの産卵管に封じこめられるため、一番有利ではある。一方、使われなかった残りの精子は貯蔵庫である受精嚢にためこまれ、女王バチはこれを使ってのちに受精を行う。この受精嚢が空になったころが、古い女王から新しい女王への代替わりのタイミングとなる……。

チリメンウミウシ

(*Chromodoris reticulata*)

戦うペニス！

ウミウシは裸鰓類に属する生物である。水生の腹足綱の軟体動物で、貝殻がないことから、フランス語では「海のナメクジ」と呼ばれる。どのウミウシも劣らず美しく、自然の驚異というほかない！　といっても、それだけの理由でこの繊細な生きものを取り上げるのではない。ほかの腹足綱と同じくウミウシは雌雄同体であり、オスとメスの生殖システムをあわせもつ。なかでも特筆すべきは「同時雌雄同体」ということである。つまり、オス、メスどちらの生殖器も同時に使えるのである。パートナーがいない場合は単為生殖が可能で、交尾せずに卵を発生させられる。サメ、爬虫類、両生類、魚類、あるいはアブラムシをはじめとした数多くの昆虫など、単独で子を作れる生物種はさまざまに存在してはいる。しかし、ウミウシが交尾をする時は、ウミウシの美しさに見合った驚き（必ずしも嬉しい驚きとは限らないが）が生まれるのである……。

　まず、ふたつの個体が接近する。体長約6センチのチリメンウミウシ（*Chromodoris reticulata*）の個体は、太平洋の海底の岩場で隣り合わせになると、威嚇のためにペニスの戦いが始まる！　より正確に言うと、ふたつの個体が互いのペニス

を互いに対称的な動きで接触させるのだ。とても独創的な求愛行動だが、それで終わりではない。せいぜい数分間だが、それぞれのペニスが相手のメスの生殖口に挿入されるのである！　その目的は、互いにオスの性細胞を届けて、体内の袋に入ったメスの配偶子を受精させることにある。実はペニスの先端には、後ろ向きにとがった小さなトゲがある。なぜあるのかというと、それ以前の交尾で蓄えられた精子をかき出すためである！　このようにして、ウミウシは他のウミウシの性細胞ではなく、自分の性細胞だけを確実に受精させようとするのである。ほかの事例にもあるように、これは自切行為を介した精子の競争である。競争があってもなくても、ウミウシは自分のペニスをパートナーの体内に残していく。そして、24 時間も経てば新しいものがまた生えてくる！　なんという自然の驚異だろうか？　ウミウシのペニスはとても長く、らせん状に巻いて体内に収納されている。切り離された方はペニスの先端でしかない。これは魔法だろうか？　いやいや、科学なのである。

　本項では穏やかで詩のように美しい記述をしてきたが、カップル同士で受精し合うと、互いが卵を持ち合うのだ。そして産卵はウミウシの驚異そのものだと言えるだろう。卵は、さまざまな色をした小さな粒が帯状に連なり、渦を巻いているのである。まさに動物の世界に現れた詩的な美しさである……。

生殖器のサイズ：約 5mm

体長：約 6cm

チリメンウミウシ──戦うペニス！

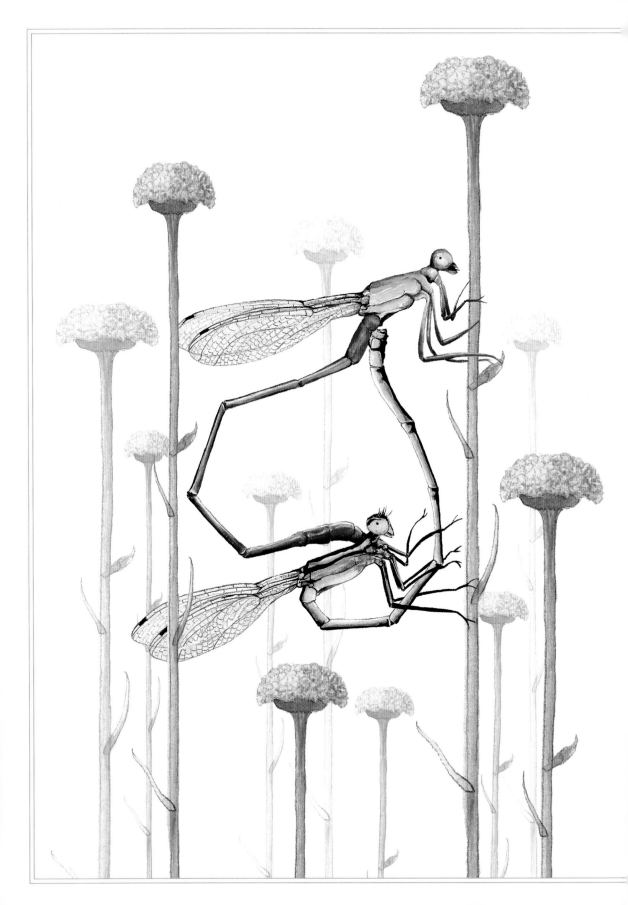

イトトンボ
(*Zygoptera sp.*)

—

ライバルの精子を追い出す！

イトトンボは、フランス語で「ドゥモワゼル」（demoiselle：お嬢さん）という愛らしいあだ名をもつ。この素敵な名前の裏には、思いもよらぬ残酷さが隠れている。多くの昆虫では、幸運と言うべきか、ペニスの形態はメスの生殖管の内部構造にぴったりと合うようにできている。しかしそうはいっても、オスの創意工夫は抑えがたく、メスを犠牲にしてまで自らを誇示する。イトトンボのオスは、さまざまなトンボと同じく、かなり驚くような体の特徴を備えているのだ。

さて、その実情を知るには、やはり、交尾行動について考えなければならない。ほとんどの場合、オスがメスの上に身を重ね、ときにはメスのほうがオスに乗ることもあるが、それ以外にも体の構造上の制約からさまざまな姿勢を取る。イトトンボのオスで驚くのは、「副性器」と呼ばれる交尾器は腹部の付け根にあるのに、精子は腹部の反対側の先端で作られることである！　これでは交尾しづらいだろう……。でも、解決策は用意されている。しかし、これが並みのことではない。まず、オスは交尾前に体をぐっと曲げて、腹部先端のペニスから腹部の付け根にある副性器に精子を移す。それから、オスは腹部の端にある「付属器」を使い、メスの頭部と胸

部のあいだを摑んで固定する。とても難しい姿勢だが、まだまだ終わらない。メスの生殖口は腹部の先端にあるので、メスも体を前方に曲げなければならない。これでオスは交尾器をメスに挿入できるようになるのだ。その交尾姿勢はハート型にも見えるので、詩的な味わいにあふれているとも言える。ここでようやくイトトンボの詩情あふれる交尾も終わりである……。

　競争が一段と厳しくなるのは繁殖期のときである。オスは産卵に適した場所に群集する。しかし、メスと交尾できるのはごく少数のオスだけだ。さらに、ほかの節足動物や軟体動物と同じように、メスのイトトンボは複数のオスと交尾を行い、のちに卵が受精するまで受精嚢で精子を保管できる。このような戦略は、メスにとっては有効な手段だが、オスにとっては自分の精子が別のオスの精子に紛れて押しのけられてしまう危険性を孕んでいる……。だから、オスもまた、遺伝子の伝達を最適化する戦略を取らなければならない。そこで、オスのイトトンボは進化の過程である戦略を編み出した。それは、スプーンのような形をした「エデアグス」と呼ばれる生殖器によるもので、イトトンボのオスはこの芸術作品のように美しいスプーンを使い、先に来たオスたちの精子をかき出していく。トンボのなかにはペニスの先端にトゲや毛、もしくは突起がついているものもいて、メスが交尾に気を取られている数分間の隙にこれでメスの交尾嚢や受精嚢に先着したオスの精子を90〜100％取り出す！　それから、オスは数秒で自分の精子を受精嚢に届ける。こうして最後に交尾したオスは、父親であることを揺るぎないものとする。そして、ほかのオスの精子は無に帰してしまい、受精の機会が最適化される……。大した戦略である。

　ここまで、イトトンボがライバルの精子をごっそり取り去るのを見てきたが、この除去作業は化学的な方法で行われることもある。たとえば、蚊のなかには、オスの精子に含まれる物質で、後に続く精子を除外するものもいる！　反対に、後から来たほうの精子が先の精子を除去するショウジョウバエ（Drosophila）の例もある。

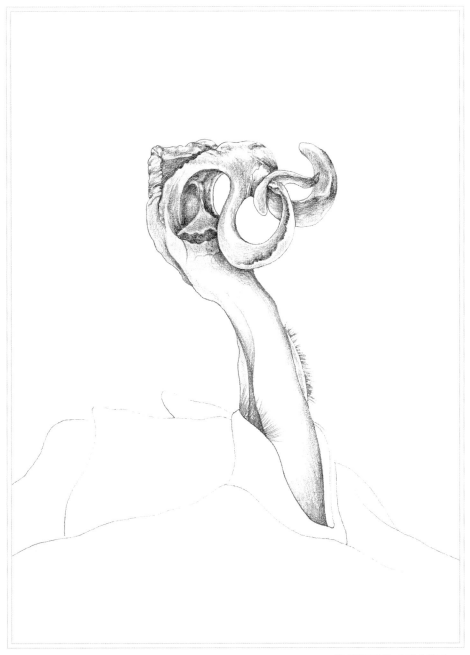

生殖器のサイズ：約 4mm
体長：約 3cm

ナナフシ
(*Necroscia sparaxes*)

—

メスを独占して快感を引き延ばす！

遺伝子をできる限り伝達させたいオスにとって、競争相手の精子によって受精させないことは最大の関心事である。ここまで見てきたように、ペニスを切り離す生物もいれば、「スフラギス」とも呼ばれる交尾栓を使う生物もいる。あるいはイトトンボのように、ライバルの精子を取り除くものもいる。もちろん、このほかにもいろんな戦略がある。あらゆることが起こりうるし、驚きは尽きることがない。そこが動物界の面白いところである。

　あなたが孤独な動物のオスだとしよう。理想のメスに遺伝子を届けることが確実でなければ、子孫を残せないのではないかと不安になるだろう。性器を切り離すこともできなければ、先着したライバルの精子を取り除くツールももっていないとしよう。必要な装置がなければ、先が思いやられるばかりだ。では、どうすればいいのか？　ここで取り上げるネクロシア属のナナフシの仲間である、ネクロシア・スパラクセス（*Necroscia sparaxes*）を見習うとよい。そのオスは、射精後もメスの生殖器にじっととどまるのである。確かにいい考えだが、5分とどまるとかそんな規模の話ではない。ネクロシア・スパラクセスのオスは、数時間もしくは数日にわたっ

て「自分だけ」のメスと交尾姿勢をとり続けるのである。なんと、79 日間も離れず
にいたという驚異の記録がある！　ここまで偏らずともおそらく程よい加減はある
のだろうが、これほど効率的な戦略があるだろうか！　ほかのオスが受精を邪魔し
にやって来ることはないのだから。

　ベニツチカメムシ（*Parastrachia japonensis*）のようなカメムシのオスも、同じよ
うな戦略をもち、交尾が終わった後 1 時間もメスにしがみついている。コロラドハ
ムシ（*Leptinotarsa decemlineata*）のオスだと、同じメスのパートナーと何度も連続
して交尾をする。自分だけがメスの受精嚢を満たして、未来の受精卵の唯一の父親
になるといううまいやり方である。そのほかにも、メスを独占して、長時間にわたっ
て、できる限り効率的に交尾しようとする種がいる。たとえば、ヨーロッパに生息
するヨーロッパキシダグモ（*Pisaura mirabilis*）のオスは、糸で作った「紙」の中に
昆虫を包んでメスに贈る。こうすることで相手の愛を勝ち取り、さらにはメスがプ
レゼントを開けるのに気を取られているぶん、交尾を長引かせることができるので
ある！　包みを開けているとき、オスはメスに抱きつき、交尾が終わると食べられ
てしまわないようにひっそり逃げる。しかし、オスも案外食えないやつで、贈り物
が空っぽのこともあるのだ！

　ここまで、ライバルを出しぬく戦略をいくつか見てきたが、もう少し例を挙げよ
う。非常に有効な手段である交尾栓のことである。ほかの種にも同様の事例がある。
チャバネゴキブリ（*Blattella germanica*）やトノサマバッタ（*Locusta migratoria*）は、
セメントのように硬化して他のペニスの挿入を妨げるような成分をメスに注入す
る。チョウは、ねばねばした物質を注入してそれをメスの生殖管に行きわたらせる
が、それはやがて固まり、「栓」となってしまう。そのほか、栓をするだけでなく、
自らの生殖器を犠牲にする生物もいる。ディノハリアリの近縁種であるディノポネ
ラ・カドリセプスのオスは、メスのなかに生殖器を残していく！　子孫を守るため
の戦略はさまざまにあるが、競争をなくしてしまうことも戦略のひとつである。や
はり、父親であることを確実にして受精を最適化するための解決策には大きな多様
性があるのだ。

ナナフシ──メスを独占して快感を引き延ばす！

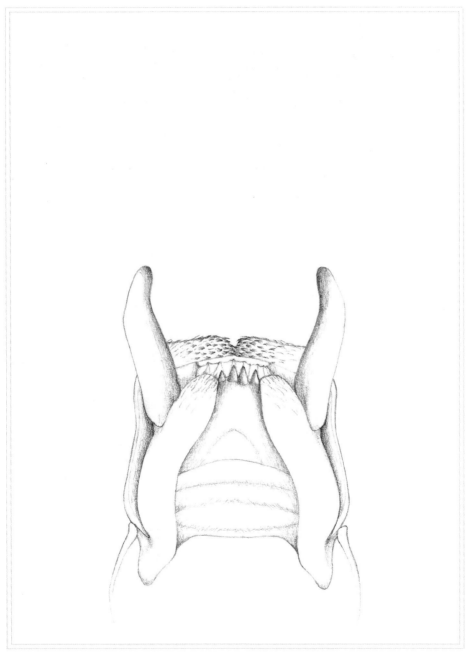

生殖器のサイズ：約5mm
体長：約8cm

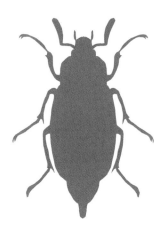

S'FACCROCHER
ET TRANSPERCER.
OPTIMISER
LA FÉCONDATION

IV

受精を最適化するために
しがみつく、貫く。

セイウチ
(*Odobenus rosmarus*)

—

世界最長の陰茎骨！

受精を最適化するためには、いろんな戦略がありうる。そのひとつとして哺乳類で広く見られるのは、ペニス状の骨をもつことである！　驚かれるだろう……。初耳かもしれないが、実はペニスのなかには骨があるものもあるのだ！　「陰茎骨」というもので、学術的には大げさに「バキュラム」(baculum) とも呼ばれる。堅苦しくなく、「恋の矢」とも呼ぶ。

　この陰茎骨は多くの哺乳類に見られる。大部分の霊長類をはじめ、クマ、モグラ、トガリネズミ、コウモリ、ハリネズミ、ネコ、イヌ、アザラシ、カワウソ、アライグマなどにもある。なぜあるのか。メスの生殖器へのペニスの挿入を長引かせてライバルにその機会を与えない（またもや！）、そして受精をより一層成功させるためである。つまり、挿入時間が長い種は、陰茎骨が長いのだ。小型のサルであるマーモセットの場合、陰茎骨は非常に小さく、2ミリしかない！　これに対して、セイウチの陰茎骨は63センチという空前の長さを誇る！　セイウチもまた陰茎骨をもつ哺乳類であり、とりわけ現在生息している哺乳類のうちでは、陰茎骨がもっとも重い（大きさに対して）とされる。驚くべきことに、1万2000年前のセイウチの陰茎

骨の化石がシベリアで発見されている。その長さはなんと 1.4 メートルである！

　もうひとつ興味深い事実を紹介しよう。一夫多妻制の霊長類は、一夫一婦制の霊長類よりも陰茎骨が長い。なぜだろうか？　それは、一夫多妻制ではオス同士で熾烈な競争が起こるからである。つまり、長い陰茎骨をもつことには確かなメリットがあるのだ。反対に、このような説明は、陰茎骨のない人類にはまったく当てはまらない（医学文献に載っている非常にまれなケースを除いて）！　ヒト社会ではおよそ 20％が一夫一婦、80％が一夫多妻だとする考え方もあるそうで、オス同士のライバル関係はあるはずなのに！　陰茎骨は生殖の成功に重要だと言う人もいるが、果たしてそうなのだろうか？　議論の余地はまだまだありそうだ。

　そもそも、私たちは交尾が繁殖のためにあるだけでなく、快感の源でもあることを忘れがちだ。それから、多くの種のメスには、オスがそうであるようにクリトリスの内側に骨が、すなわち「陰核骨」（バウベラム baubellum とも言う）が備わっているが、そのことを話題にする人はほとんどいない（ちなみに、動物にクリトリスがあること自体、誰も触れようとしない……）。その一方で、オスに陰茎骨がなく、メスに陰核骨がない種も多い。ヒト以外では単孔目（ハリモグラ、カモノハシ）や有袋類（カンガルー、オポッサム……）がそうだし、クモザルもそうだ。では、ヒトなどではどうしてペニスやクリトリスに骨がないのか？　その喪失は、骨格の未発達などを特徴とする「ネオテニー（幼形成熟。大人になっても幼形の性質が残ること）」に付随する影響だと考える人もいる。その説によると、私たちヒトには陰茎骨や陰核骨がなくて、チンパンジーのオスとメスにはあるのは、ヒトの方が未成熟な状態で生まれるからだ、ということになる。むしろこの方が好都合だ！　もしも「成熟」した状態で赤ちゃんが生まれるならば、母親の、二足歩行にそぐうように発達した大人の狭い骨盤を通るにはその頭はあまりにも大きく、つっかえてしまうのは確実である。

　陰茎骨や陰核骨のある種とない種がいる理由は謎のままだが、その起源についても謎が多い……。哺乳類において陰茎骨が現れたのは、有胎盤類の系統群と非有胎

セイウチ——世界最長の陰茎骨！

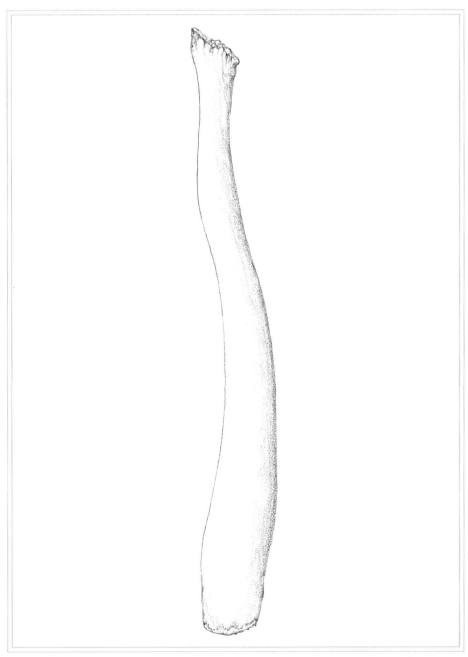

生殖器のサイズ：約90cm
体長：約3.5m

盤類の系統群（有袋類と単孔目）に分かれた時だとされる。もっと正確に言えば、およそ9500万年前、肉食動物や霊長類に共通するもっとも新しい祖先が登場する前に陰茎骨ができたようである。つまり、陰茎骨は霊長類の祖先にも肉食動物の祖先にも存在する一方で、「古い」哺乳類にはなかったということだ。このように、陰茎骨の発生の理由も、ヒトを含む系統群では陰茎骨がない理由についても、謎は未解決のままである。

　最後に、今日ではよくあることだが、化学物質による汚染がさまざまな環境パラメータ（土壌、食料など）に大きな被害をもたらしており、生殖器にもかなり影響を及ぼしている。約300頭のホッキョクグマを調査したある研究によると、2001年採択のストックホルム条約で禁止されたものの、依然として堆積物に残留している化学汚染物質（ポリ塩化ビフェニル）が原因となって、ホッキョクグマの陰茎骨は短くなり、その骨密度も減少しているという。こうした影響によって、交尾の際にホッキョクグマの陰茎骨が折れてしまう恐れもあるのだ。

ファロステサス・
クーロン
(*Phallostethus cuulong*)

———

下顎のようなペニス！

受精を最適化させるために、射精するまでメスにしがみついて離れない——そのまま微動だにしないこともある——オスもいる。私たちの身のまわりでは、犬のペニスの付け根には「亀頭球」と呼ばれる部位がふたつ備わっていて、この海綿体でできた部位は、挿入時には膨張し、5～60分間にわたってメスの生殖管の中にペニスを固定することができる！　ほかのオスとの交尾を阻止するのに有効なものである……。

　ほかにも、メスにしがみつく技術としてはいろんなものがある。2009年に発見された新種で、ベトナム南部メコン川のデルタ地帯の汽水域沿岸部に生息する、体長約2.5センチの魚ファロステサス・クーロン（*Phallostethus cuulong*）を紹介しよう。どういう特徴があるのか？　体は半透明で、なんと口の下に交尾器官をもっているのである！　愛らしいと言うべきか……。もう少し詳しく見てみると、この交尾器官は「プリアピウム」（priapium）と呼ばれ、下顎のような形をしている。そ

Ⅳ　受精を最適化するためにしがみつく、貫く。

生殖器のサイズ：約 4mm
体長：約 2.5cm

もそも、「ファロステサス」はギリシャ語で「ペニスをもった胸」を意味する。もちろん、交尾中にメスにしがみつくためにあるのだが、それにしても意表を突くものだ！　これまで通り、できるだけたくさんの子孫を残すことがねらいである。

　このプリアピウムは外性器であり、多機能ナイフのようにいろんなパーツがついている！　胸びれや腹びれが進化したもので、下に突き出した棒状の部分やギザギザのある鉤に最大の特徴がある。ムードを台無しにしそうな見た目だが……。この骨ばった鉤はメスの頭部を捕まえるために使われ、メスはオスに引きつけられた状態から逃れられなくなる。そこにはひたすら愛しかないのだ……。ファロステサス・クーロンのオスは、メスを自分のほうに引きつけることで、メスの頭部にある泌尿生殖器に精子を簡単に注入することができる。ほとんど瞬時に交尾を終える大部分の魚類に比べると、お互いに頭と頭をしっかりとくっつけ合っての交尾なので、その時間ははるかに長くなる。また、多くの魚類とは違って、ファロステサス・クーロンは体内受精を行う。これらの方法によって、精子をわずかにしか失わないし、卵はすべて受精する可能性もある。インパクトのある交尾だが、効率的でもあるのだ！

　ともあれ、ファロステサス・クーロンにおいて、頭部に生殖器が現れたという進化のプロセスは、いまだに謎に包まれている。

ヨツモンマメゾウムシ
(*Callosobruchus maculatus*)

—

トゲだらけのペニス！

陰茎骨をもつ、ペニスの付け根が膨らむ、下顎のようなペニスをもつなどは、いずれもできる限り長くメスにしがみついて離れないための戦略や技術なのだが、それよりもっとひどいのもある。敏感な人は注意しよう。心して読んでほしい。フランスのコメディアン、コリューシュが悪い知らせを伝えるときの言葉を借りよう。「気持ちを強くもたないといけない。とても強く。私は遠慮しないタチだ。単刀直入に言います。単刀直入に言いますからね。今から単刀直入に言いますからね……」（コリューシュのコメディ「右腕のがん」（1976）より引用）。メスにとっては本当に気の毒だが、ヨツモンマメゾウムシのオスは交尾中にメスを突き刺すのだ……。毎度のことだが、これも受精を最適化するための手段である。しかしながら、オスがメスを突き刺すのである。人の目から見れば、こんな交尾はほとんど拷問であると私は言いたい。

　ヨツモンマメゾウムシはアフリカ原産の小型の甲虫類で、エデアグスという名称で呼ばれる、昆虫のオスに特有の生殖器はトゲに覆われている。ほかの昆虫たち（オサムシの一種である小さなミズギワゴミムシ、牛の糞に発生するツヤホソバエ）のオス

のペニスと同じように、ヨツモンマメゾウムシのペニスのトゲはメスの生殖管を傷つけ、パートナー（と言っていいのだろうか……）であるオスとの交尾中にメスの傷口が広がっていく。それはオスがメスにしがみつくための手段なのだという説もあるし、後からやって来た別のオスが交尾できない状態にすることが目的だと考える説もある。これほどまでに悪化したオスメス間の戦いが生じるに至るには、そもそもオス同士のライバル心がよほど激しくなければならない。メス個体にとっては不利な行為でも、長いトゲをもつヨツモンマメゾウムシのオスほどたくさんの卵を受精させるのだから、種が存続していくことになるのだ！

　なんとも魅力を感じない事例だが、興味深いことに、甲虫のなかにはメスが傷から身を守るべく進化を遂げたものもいる。大きなトゲをもつオスが多い環境下で、メスは自分の生殖管を鍛えたのである！　また、挿絵に描かれているように、ヨツモンマメゾウムシにはとても強力な後ろ脚があり、パートナーのオスを激しく蹴り倒して取り除くことができる。これもまた、身を守るための進化といえよう。とはいえ、メスは受精すれば、1ヶ月だった寿命が10日に縮んでしまう。

　困惑するばかりの状況だ。といっても、トゲのついたペニスは昆虫だけにあるのではない。哺乳類のペニスにも、角質化した小さなトゲがたくさんついていることがある。これはメスを刺激し、多少の不快感は与えるものの、メスの生殖管に精子をうまく届けるのに効果があるようだ。このようなトゲは、ネコやライオンのような野生のネコ科の動物に見られる。また、ヤマアラシなどのペニスは、亀頭の付け根に鉤状の爪がついていて、挿入時にはペニスを安定させられるが、ペニスを引き抜くときにはメスの生殖管を傷つけてしまう。その目的は何か？　事情は昆虫の場合とだいたい同じである……。いや、より残酷かもしれない。オスは遺伝子の伝達を確かなものとするために、メスに痛みを与え、ほかのオスと交尾する意欲を「くじく」のだ！　だがそこにはいつも愛がある……。

　しかし、昆虫でも甲虫類のメスは、仕返しをすることがある。それもかなり大きめの仕返しである。ツノグロモンシデムシ（*Nicrophorus vespilloides*）のメスはとて

ヨツモンマメゾウムシ――トゲだらけのペニス！

生殖器のサイズ：約 0.9mm
体長：約 4mm

も攻撃的だ。それゆえこの昆虫では、妊娠も子育ても多くの犠牲を伴う。メスは、生まれてきた子どもたちに必要な食料となる動物の死骸をどれだけ提供できるかを基準にパートナーを選ぶ。ひとたびオスを選ぶと、オスに一夫一婦を懸命に強いる。ほかのメスの気を引くフェロモンを出すのを阻止するためにオスに噛み付くことまである。しかし、これで終わらない。まさにメスの復讐である！　今度こそ単刀直入に述べよう。メスは受精すると、オスの交尾したい欲望を失わせる抗催淫性のガスを分泌するのだ。化学的な去勢とでも言おうか、オスはメスのそばにいて、子どもたちに食事を与えるように強いられるのである。ほかにも驚くことがある。不意にやって来たオスとの交尾を望まない場合、メスは交尾口の形を変えることができる。つまり、メスはオスが一線を越えられないようにできるのだ！　進化の観点からすれば、ツノグロモンシデムシでは、このような現象によってオスの交尾器に進化が起こり、何世代にもわたるオスとメスの器官の共進化を通じて、交尾器にもサイズと形の変化が生じた。しかし、メスの交尾器についての研究は進んでおらず、まだまだ発見し尽くしてはいないのだ！

ロンドコビトガラゴ
(*Galagoides rondoensis*)

—

トゲをもった「V」字型のペニス！

　ペニスは非常に複雑で、同じ科のなかでも種ごとにかなり変化に富んでいる。霊長類では、ガラゴ科の場合がとくにそうである。私たちヒトにとっては遠い親戚であり、1科14種で構成される。ロリス下目に分類され、キツネザル下目にも近い動物である。アフリカに生息する夜行性の小型の霊長類で、木から木へと飛び移ったり、枝から枝へ雲梯を進むような要領で渡っていったりして移動する。チンパンジーに捕獲されて食べられてしまうこともあるのだが、研究対象としてはなかなか興味深い。というのも、ガラゴ科の分類は長らく論争になってきたからである。なかでも、骨格の大きさや毛色の研究は手つかずの部分があり、はっきりとした種の同定ができないのだ。ガラゴ科のような夜行性の霊長類のペニスの形態は、属や種のあいだで大きく変わる。ワニの場合にはペニスの研究から飼育の際のオスとメスの判断が簡単になった。ペニスについての研究が進めば、種の同定や分類に大いに資することだろう。

　実際のところ、ペニスの多様性は著しいのである！　ガラゴ科のペニスには、種ごとにはっきりと異なる特徴がいくつも存在する。それゆえ、それぞれの特徴から

種の分類もしやすくなるだろう。たとえば、ペニスの形、硬い角質化したトゲの有無や分布はもちろんのこと、ペニスの大きさや陰茎骨との位置関係などにも違いがある。トゲについては、簡素なもの（中ぐらいの長さで小さく尖っている）、しっかりとしたもの（大きく尖ったものが一本あり、付け根が厚い）、複雑なもの（突起がいくつもついている）などがある。ガラゴ科のペニス225例を調査した研究では、種の決定にはペニスの形態を基準にするのが有効だと確認された。たとえば、ペニスのトゲの平均的な表面積は、種ごとにはっきりと違いを区別できる。

　挿絵に描かれたロンドコビトガラゴは、ほかのガラゴと大きく異なる。これらはタンザニアやケニアの山岳や森林に生息する小型の霊長類で、そのペニスはほかのガラゴ科とは異なる形態を備えている。大きくて長く、付け根の方が細く、先端に向かって「V」字型に広がる。この形に沿った陰茎骨は、亀頭に対して中心から少しずれている。ペニスのトゲはほかの種に劣らないものだが、未成熟のロンドコビトガラゴでは小さな「芽」のような状態にとどまる。いずれにせよ、ロンドコビトガラゴのペニスの形態はまったく例外的なのだ。ウルグルコビトガラゴ（Galago orinus）も同様のペニスを備えている。それゆえ、上に挙げた2種類のガラゴを果たしてガラゴと分類してよいのか自問する人もいる！　ペニスの研究は、種の決定に貢献もするし、疑問を投げかけることもあるのだ……。予想外だ！

　しかし、このような近縁種のあいだでの形態の著しい違いがどうして現れるのか？第一の説明は性淘汰である。ガラゴのメスは、長い繁殖期に複数のオスと交尾をする。メスは、自分にふさわしい基準（たとえばオスが性的刺激を与えてくれる）にしたがって、あるオスとは交尾し、別のオスとは交尾しないと決める。メスには選択権と時間的な余裕があるのだ！　まさに優れた選別である……。こうした状況を踏まえると、ペニスの形態的な特徴は選ばれたオスに由来するのであり、これらの特徴が選択されて、世代から世代へとペニスの特徴の相違が生じていくのである。また、このようなペニスの形態の変わりやすさは、性行動そのものからも説明できる。たとえば、小さなトゲは挿入に役立ちそうだし、大きなトゲは複数回の射精を行うのに関連していそうだ。ともかくガラゴ科の場合、最後のカギを握るのはメスなのである！

ロンドコビトガラゴ──トゲをもった「V」字型のペニス！

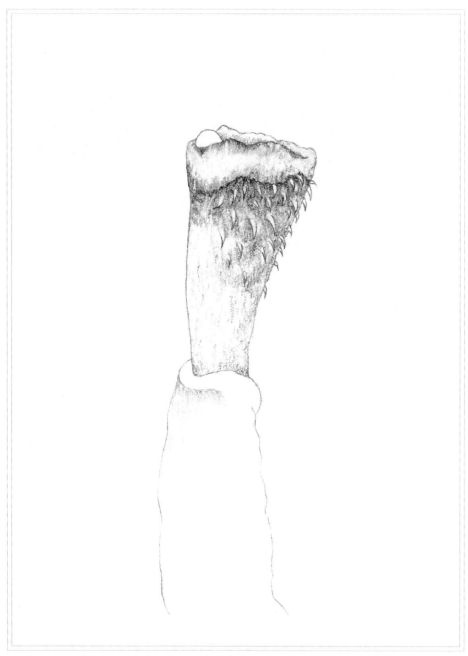

生殖器のサイズ：約2.2cm
全長：約40cm

トコジラミ

(*Cimex lectularius*)

—

メスにペニスを突き刺す！

トコジラミや近縁の寄生昆虫のネジレバネは、外傷性受精を行うことで知られている。ここではトコジラミを通して、外傷性受精の世界を紹介しよう。外傷性受精とはどのようなものなのか？　トコジラミ（*Cimex lectularius*）のオスは、注射針のようなペニスをもっていて、これでメスの外骨格を突き破るのである。メスの生殖器官を無視して腹部にペニスを突き刺すのだ。結果、トコジラミのメスは体に傷を受けることになる……。そして、オスは生殖管の外（側）に精液を注入する。これがトコジラミの交尾であり、やがて精子が生殖管に入り、いずれ卵巣に届くのである。

　明らかに野蛮なこのような行動がどうして進化のなかで現れたのか？　おそらく、多くの昆虫のメスの生殖管に見られる交尾栓という障害物を迂回するためだろう。この手段によって、長いペニスをもったオスは、交尾栓に妨げられることなくメスの生殖管や受精嚢に達することができる。もう少し説明しよう。トコジラミのメスは、膣が全身に広がっているかのようなシステムをもっているようなのだ。より正確に言えば、精子が沈着するメスの腹部には、「スパーマリッジ」（spermalège）と呼ば

れる器官がある。スパーマリッジは、メスの体中に及ぶ生殖システムである。それは、腹部の受精嚢（精子をストックする袋）に向かうネットワークにつながり、その精子はやがて生殖管と卵巣につながるシステムを通って卵にできるだけ近づき、受精の機会を最大限に高めるのである。

　しかし、メスにとって不愉快なことはこれだけではない……。いや、不愉快という言葉では弱すぎる。オスは1日に200回も交尾ができる。「持続勃起症」と言ってもいいかもしれない。オスは性別を区別することさえ困難なため、性行為の相手の50％は同性、20％は別の生物であり、メスが相手のケースはわずか30％なのである。驚くべきことに、同性間の性行為では、精子は相手のオスの精管に入り、そこにある精子と合流するのだ！　そして、挿入されたオスがメスに穴を開けるときには、自身に穴を開けたオスの精子も混ざってメスに注入することになる！　アフリカに生息するトコジラミの一種であるアフロシメクス・コンストリトゥス（Afrocimex constrictus）など、いくつかのトコジラミはその結果、変異さえ起こしている。背中に生殖不能の小さな膣をもつオスが生まれているのだ。同性間の性行動を促すのが目的だ。明らかにトコジラミのオスはサドマゾヒズムを嗜好している。精子が混ざることによる利点はないのだろうから……。

　だが、ペニスで何度も穴を開けられるという大きな被害を被ったメスはどうなったのかを考えよう。手短に言えば、交尾で受けた傷は化膿したり、寿命を縮めたり、死亡率を25％上昇させたりする。死に至る愛である……。しかし、オスの関心は、できるだけ交尾をして、精子をたくさん届けることにある。どうしてか？　それは、精子の大部分がメスの免疫システムによって死んでしまうからである。数百ほどの配偶子が卵巣にたどり着くためには、オスは膨大な量の精液を届けなければならない。ヒトでいえば30リットルに相当する量の精液を毎回の射精で届けるのだ！

　オスはこのように、メスの受精を最適化するためのさまざま手段をもっている。しかし、メスは再び抵抗する！　ひどい扱いを受けないようにするのだ。今度はどうするのか？　進化するにつれて腹部がだんだんと硬くなり、弾力性を帯びてきて、

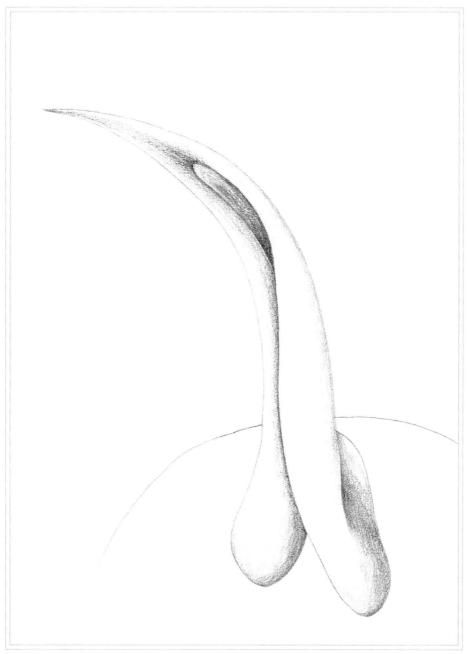

生殖器のサイズ：約 1.5mm
体長：約 6mm

オスがメスを突き刺せないようにしたのだ。説明しよう。スパーマリッジには「レシリン」という弾性タンパク質が含まれていて、オスのせいで裂け目ができても、レシリンがすばやく傷口をふさいで、昆虫の血液である血リンパの流出を抑えるのである。これで受精のときにそれほど傷つけられなくて済む。びっくりするようなことだ！　どちらかといえば、メスの抵抗というより耐性だろう。メスはやっぱり傷を負いながら受精するのだが、それでも先ほど説明したように、だんだんと傷を減らす方法を編み出して、自己防衛に使う労力を少なくするのである。このような適応はもちろん両性にとって有益であり、種の保存にもつながる。しかし、これで喜ぶわけにもいかない。というのも、オスもすでに反撃を見せており、返す刀でペニスをだんだんと尖らせているからだ……。これもまた共進化の「優れた」事例なのだろう。確実に言えるのは、交尾をもっともたくさんするオスは、もっともペニスを尖らせたオスだということである……。

　最後に、トコジラミには、大砲を放つように離れたところから精子を飛ばすオスもいるので、メスにとってはささやかな平穏の希望があるかもしれない！　熱帯に生息するトコジラミのオスのなかには、メスの背中にある膣めがけて、数センチ離れたところから射精するものもいるのだ！　噴射の威力は精液が体壁を突き破ってしまうほどなので、離れた場所からでもメスの体内に精子を届けることができるのである。トコジラミのメスにとって、はたして希望の大砲となりうるだろうか。

トリカヘチャタテ

（*Neotrogla sp.*）

—

メスが反撃する！

こ こまでメスのいろいろな抵抗を見てきたが、ここでは違った方法を紹介しよう！ すでに挙げたツノグロモンシデムシ（*Nicrophorus vespilloides*）の場合、抗催淫性のガスの分泌でオスを化学的に去勢して、一夫一婦制にしてしまう。これに対して、トリカヘチャタテは、もっとラディカルな戦略を取る。さて、どんなことをするのか！

　今から書くことを、どんな先入観ももたずに読んでいただきたい。チャタテムシの一種であるトリカヘチャタテは、体長約３ミリの小さなハエである。ブラジルの乾燥した洞窟に生息しており、コウモリの糞や死骸を餌にしている。ここまではとくに変わったことはない。しかし、それだけではない……。トリカヘチャタテは、雌雄の性が逆転するという他に類を見ない昆虫なのである（ほかの生物にもあるだろうか？）。オスとメスのあいだで交尾器の機能が反対になるのだ。先ほどのトコジラミはオスがメスを突き刺したが、今度はトリカヘチャタテのメスがオスを突き刺すのである！　やったね！　これはメスの抵抗とも、性の革命であるとも言えるだろう。このような進歩はなかなか得難いものである。

Ⅳ　受精を最適化するためにしがみつく、貫く。

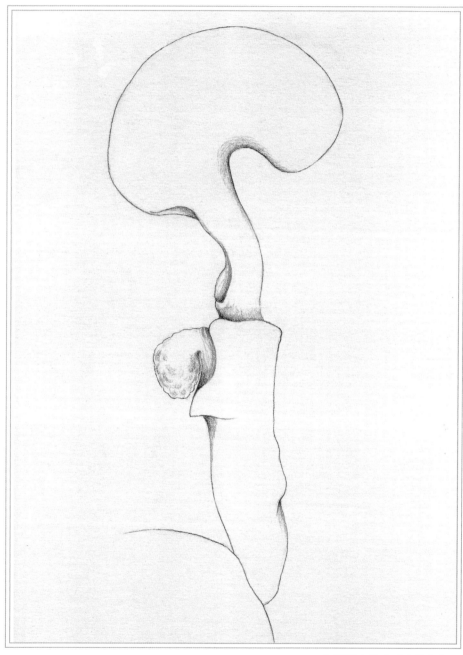

生殖器のサイズ：約 0.5mm
体長：約 3.5mm

　では、実際にはどうなっているのか？　話はわりと単純で、「gynosome（雌ペニス）」と呼ばれるペニスのような器官がメスについていて、これがオスの体内に挿入されるのだ。オスに痛みを与えたいのか？　いや、そうではない。メスはオスから栄養や精子を抽出したいのだ。そこまでやってしまいたいのである。なのでメスは好きなだけ時間をかけて交尾し、なんとそれは40〜70時間も続く。メスがオスの上に乗り、雌ペニスを突っ込んで、オスの生殖器の中でトゲを膨らませて引っかけるのにそれだけの時間が必要なのだ。メスの雌ペニスはオスの中にしっかりと固定されるので、もしメスを引き抜こうものならオスは腹部ごともぎ取られる、という感じである。このようにして得られた栄養は、メスの受精にとって必要不可欠なものである。メスがこうした行動をとるのも、生息する洞窟では栄養物質が乏しいからだと思われる。必要な精子と栄養の両方を抽出するのだから、メスにとっては一石二鳥だと言ってもいいだろう。オスは精子バンクにも食料庫にもなるのだ！これぞ性の革命ではないか！

　同じような事例はほかにあるだろうか？　オスの栄養を消費する事例はいくつかあって、こちらもなかなか華々しい。ヨモギコオロギ（Cyphoderris strepitans）のメスは、交尾中に肉づきのよいオスの羽を食べる。だが、一番すごいのはおそらくハエ目のヌカカだろう。交尾の最中に、メスが大顎を使ってオスの頭に穴を開けるのだ。オスに消化液を注入して体を溶かし、消費する前に分解させてしまうのである。これはすごいことだ……。その後メスは空になったオスの甲皮は放っておき、交尾器は自分にくっつけたままにしておいて受精に至る。要するに、ヌカカのメスはオスを液状に溶かして食べてしまい、なおかつ交尾器は受精のために取っておくのである。まさに別格である……。

COMMUNIQUER.
INTIMIDER, APPELER
OU TROMPER !
V

コミュニケーションする。
脅す、呼び寄せる、だます！

ケヅメリクガメ
（*Centrochelys sulcata*）

—

巨大なペニスで脅す！

こ　こまで、機能的な役割という点から、多種多様なペニス（メスの生殖器を見つける、競争相手を邪魔する、突き刺す……）を、そして時には膣（身を守る、挿入に抵抗する、突き刺す……）を取り上げてきた。今度はコミュニケーションしたり、脅したり、だましたりと、さらに知られていないペニスのさまざまな機能を見てみよう！

　この未知でかなり意外な領域について、まずはリクガメから始めてみたい。はじめに、リクガメは比較的穏やかな動物だと覚えておこう。そのゆっくりとした動きから、平穏や冷静といった印象を受けるし、あるいは善良だとさえ言えるかもしれない。ところで、リクガメのペニスは、体のサイズの割にかなり大きく、硬さがあり、血流によって陰茎の先端部を膨張させる。競争相手のオスを威嚇したり、メスに強い印象を与えたりもできるほどにとても大きくなることもある。ペニスの大きさを競うのは、なにも思春期におけるヒトのオスに限ったことではないのだ。リクガメ科のケヅメリクガメもまたその例外ではない。サハラ砂漠の乾燥したサバンナに生息するケヅメリクガメ（*Centrochelys sulcata*）は、長さ 10 メートル、深さ 3 〜 4 メー

トルの穴を掘って、日中の強烈な暑さや夜間の気温の低下から身を守る生物である。巣穴も素晴らしいが、まず注目すべきはその性行動である。

　ケヅメリクガメはアフリカ最大のリクガメで、ガラパゴス諸島やセーシェル諸島に生息するゾウガメに次いで、世界で二番目に大きいリクガメである。また、ケヅメリクガメはオス同士がぶつかり合うことでも知られる。繁殖期にはオス同士は激しく戦い、敗者は裏返しにされてしまうほどである。ただし、メスの気を引くにあたって、オス同士で直接戦うことを避けることもある。ほかの動物は歯をむく、毛を逆立てる、立ち上がる、枝を投げつけるなどの行動を見せるが、ケヅメリクガメにはこのような行動は物理的に無理だ。だがケヅメリクガメをはじめとするリクガメには、印象的な突起を戴く巨大なペニスを見せつけるという、とっておきの威嚇行為があるのだ！　こうすることで、競争相手のオスに対して自分は元気なんだ、力が強いんだと伝えることができる。つまり、脅しをかけて直接対決を避けているのである。ケヅメリクガメは噛みつく、頭を振る、化学物質を分泌する、甲羅を叩くなど、豊かなコミュニケーション手段をもつが、これらに比べるとペニスはもっぱら威嚇用に使われる……。また、求愛のディスプレイについては、オスメス間のコミュニケーションはとても多様で、ウインクや頭の動き、ひっかきなども使われる。

　ちなみに、霊長類でもペニスをコミュニケーションに使うことがある。たとえばヒヒやリスザルのオスは時折ペニスを勃起させながらいろんなポーズをとるのだ！危険が差し迫っていることを知らせるときとか、捕食者を威嚇するときにとる行動のようだ。ペニスが群れを守ることもあるのである！

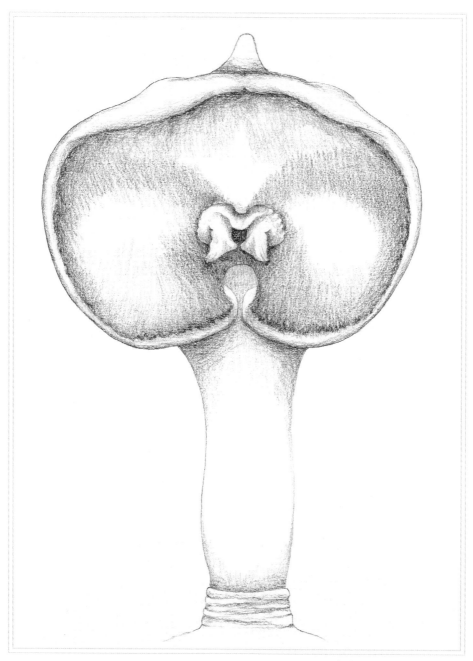

生殖器のサイズ：約 25cm
甲長：約 55cm

チビミズムシ

(*Micronecta scholtzi*)

—

ペニスで歌う！

魅力と不思議がいっぱいの水生昆虫の世界に戻ろう……。今度は沼や池に生息する水生カメムシの仲間であるミズムシを紹介したい。ここではあの「外傷性受精」（トコジラミ）ではなく、コミュニケーションがテーマである。ミズムシの一種であるチビミズムシのオスは、「鳴く」ことでメスを誘惑するのである。もちろん、鳴くだけならそう珍しくはないだろう。だが、チビミズムシはペニスを使って鳴くのである！　そう、ペニスが音をたてるのだ！　体長は２ミリほどだが、腹部にある凹凸部にペニスをこすりつけると音を出せる。かなり大きな鳴き声であり、これによってメスを惹きつける。こうしたことから「歌うペニス」と呼ぶ人もいる。いかにも魅惑的な表現だ。だが、その鳴き声はペニスから発している。誇張は一切なしである。

水中では長い波長の音を出さなければならないため、水の中でメスの気を引くのは難題である。未来のパートナーに音を届けるためには、伝送する範囲を拡張する必要もあることから、オスの求愛コールは非常に大きな音を発さないといけない。といっても、体の大きさには限界があり、獲物をねらう捕食者に聞き取られないよ

うにもしなければならない。そういうわけでコオロギやミズムシのオスは、共振器を使ってそれぞれ独自の鳴き声を生み出している。鳴き声の大きさは体のサイズにそれぞれ釣り合ったもので、いずれも捕食者に聞こえないようになっている。だが、小さな体でもかなり大きい鳴き声が出せる。チビミズムシの場合、「歌うペニス」の長さは50ミクロンしかないが、昆虫が出す音の大きさとしては記録的だろう。つまり、世界一うるさいペニスなのだ！　驚くことに、その鳴き声は99デシベルにも達する。あまりピンと来ない数値だが、これはオーケストラの音楽を最前列で聴いている音と同じ大きさである！　たとえば、ゾウの鳴き声は110デシベル強だが、体長で言えばゾウのほうがチビミズムシより2500倍も大きいのである！　これだけのパフォーマンスをするのだから、チビミズムシは体長の割に音響エネルギーがもっとも効率のよい生物だと言えるだろう。とはいえ、チビミズムシのオスが自分の生殖器をこすって求愛の鳴き声を出すとわかっていても、水と空気の界面で生じたこのシグナルが、数メートルも離れた水辺まで届くとは思わないだろう。

　さらに興味深いことに、どうしてこんなパワフルな鳴き声が出るようになったのかは謎のままだし、そもそもこの鳴き声が出るメカニズムもよくわかっていない。水生環境についてさらに研究すべきだし、とくに特定の環境に適応したチビミズムシの音を鳴らす行為については、行動によるものなのか、それとも体の構造やその機能性によるものなのか、まだまだ研究が必要だろう。このチビミズムシの事例では、力強い鳴き声は、性的成熟時に現れる第二次性徴だと考えられる。これは、シカの枝角やいくつかの鳥の鳴き声、多くの生物に見られる体色の変化と同じように、非常に重要なものだがやはり二次的である。とすれば、チビミズムシの鳴き声はオスに現れた性淘汰であるという仮説を立てることもできよう。つまり、オスたちは、つがいになるためのディスプレイをしながら、交尾を目指して競争しているのである。そしてそのなかでもっとも魅惑的な音が、1匹ないし複数のパートナーを惹きつける。あとは、オスのペニスの鳴き声のどの部分に惹かれるのか、あるいは惹かれないのか、チビミズムシのメスの評価方法を理解しなければならない。どんな鳴き声が選ばれるのか？　もっとも力強い音なのだろうか？　解決すべきことはまだなお残されている。

チビミズムシ──ペニスで歌う！

生殖器のサイズ：約 0.05mm

体長：約 2mm

シュントナルカ・
イリアスティス
(*Syntonarcha iriastis*)

—

ペニスが欺く！

チョウなどの鱗翅目が音を出すメカニズムは、きわめて多様である。夜行性の種は、人が聞き取れない鳴き声を出すことで知られる。胸部や翅をさまざまに叩いて音を発するのである。また、いくつかの種のオスは、腹部が変化した部位に交尾器があり、そこについたヤスリ状の特殊な鱗粉をこすって音を出す。たとえば、インド・オーストラリア地方原産の夜行性の小型の鱗翅目で、ツトガ科に属するメイガの一種シュントナルカ・イリアスティス（*Syntonarcha iriastis*）がそうである。この昆虫はなぜそのようなどうして音を出すのだろうか？

シュントナルカ・イリアスティスのオスは、木や茂みのてっぺんにとまって翅を広げ、交尾器を見せながら超音波を出す。交尾器にはヤスリ器と摩擦器、共鳴装置があり、これらが超音波の発生メカニズムに関わっている。元々はコウモリの研究に使われていた機器を使って調べたところ、20 メートル離れたところにおいてもシュントナルカ・イリアスティスの発する音波が感知されている。もちろんシュントナルカ・イリアスティスのオスは、この誘惑の鳴き声を出してメスを引き寄せ、交尾をねらうのである。

　ただ、とても興味深いのはここからである。シュントナルカ・イリアスティスの鳴き声にはまったく別の目的もあるようなのだ。昆虫を捕食するコウモリは獲物との距離やその方向を検知するために超音波を発して反響定位（エコーロケーション）を行うのだが、実はシュントナルカ・イリアスティスの鳴き声の種類にはこの反響定位に似たものもあるのだ。研究者たちは、シュントナルカ・イリアスティスによるコウモリの超音波のまねは騙す行為であるという点については確信をもっているが、その目的については謎である。捕食者が近くにいるように勘違いさせてメスを硬直して動けなくし、交尾しやすくするためなのか。あり得なくもない動機である。

　また、シュントナルカ・イリアスティスの発した音は捕食者であるコウモリの超音波探知機能を狂わせる、という別の仮説を立てることもできる！　そうなると、コウモリはもはや餌の位置を特定できなくなるだろう。以前の私なら、昆虫の交尾器から出る音が捕食者を紛らわすと言われたとしても、それを信じたかどうかわからない！　でも、生物の世界で私を驚かせるものはもう何もない。私はあらゆるものに心が引かれるのだ。シュントナルカ・イリアスティスの超音波の目的はメスの気を引くことであるという確たる証拠は存在しないのだから、そんな可能性だってありえると思うのだ。

　最後に第三の仮説を紹介しよう。今度は競争相手となるオスが登場する。挿絵に描かれた夜行性のメイガの仲間であるモモノゴマダラノメイガ（*Conogethes punctiferalis*）を調査したときに思いついたことである。つまり、オスは、短い刺激を連続的に出して競争相手を遠ざけながら、同時に長い音でメスを誘惑するのだ。短いスタッカート音はコウモリが出す音に似ており、長音は惹きつけられたメスに、オスを受け入れた合図として翅をちょっと上げさせるのである。まさに実利と人気取りを兼ねているのだ。

生殖器のサイズ：2mm
体長：約3.5cm

シュントナルカ・イリアスティス——ペニスが欺く！

フォッサ

(*Cryptoprocta ferox*)

─────

トゲのあるクリトリスで威嚇する！

フォッサは、マダガスカルに生息する肉食動物としては最大のものである。霊長類学者の間ではキツネザルの手強い捕食者として知られている。私が所属するフランスの適応メカニズム・進化研究ユニット（MECADEV）で研究している小型のネズミキツネザルも、その一つだ。フォッサとキツネザルの共通点としては、マダガスカルの固有種で、島の生物多様性が著しく失われたために絶滅の危機に瀕している、ということが挙げられる。だが、ここでフォッサを取り上げるのはこうした理由からではない。並はずれた性的適応が見られるからだ。なんと、フォッサは珍しい哺乳類で、性的に未成熟な段階のメスは一時的に「オス化」するのである。この「オス化」とは何か？　ある期間、メスが自分のことを相手にオスだと信じ込ませるのだ！　偽の情報を相手に与えて自分の身を守るとは、とても便利ではないか。では、どんな奇妙なメカニズムからこの現象は起こるのか？　何から、もしくは誰から身を守らなければならないのか？

オス化の段階になると、フォッサのメスのクリトリスは大きくなる。さらに、この長いクリトリスにトゲが生えてきて、見た目は成獣のオスのペニスに似てくるの

である。信じられないことだ！　では、どうしてこんなふうになるのか？　トゲの
ついた長いクリトリスにすることで、若いメスは、交尾を求めるオスの攻撃的なア
プローチから逃れようとしているのだ。一時的にオス化することで、若いメスの
フォッサは、成獣のオスからの性的攻撃を回避することができるし（すでに見たト
リカヘチャタテのようだ）、メスの生存を最適化することもできる。オスの性的攻撃
によって、メスはけがを負うこともあるし、死に至ることだってある。成熟したメ
スが都合よくいるとも限らないし、１年のうちで発情期も短いため、オスはできる
だけたくさんの交尾を頻繁にかつ急いでしなければならない。だから、オスは攻撃
的になる。特に若いメスは体格的にも小さく、独立したばかりでか弱いのである。
クリトリスを変化させてオスに見せかけることで、完璧ではないにしてもオスにメ
スとして発見されずに済むのである。トゲのあるクリトリスであることが交尾自体
を妨げるように働くことは言うまでもない！　過激ではあるが、根本的な解決策か
もしれない。

　メスのフォッサのオス化は、縄張り意識の強いメスから身を守ることにも役立つ。
若いメスにとって、危険は至るところにあるのだ。オスはほとんど縄張りをもつこ
とはないが（無線方向探知による観察もほとんど行われない）、反対にメスには各々
に割り当てられたエリアがある。ただし、独立したての若いメスはまだ自分の居場
所を見つけておらず、縄張りをもつ成熟したメスと鉢合わせするリスクと隣り合わせ
なのだ。ひとつの肥大化したクリトリスでふたつの効果を発揮するのである！

　正直に言うと、哺乳類における膣とクリトリスについては（ペニスと比べて）何も
わかっておらず、まだまだ発見すべきことがたくさんあるので、新しい発見があるた
びに、形態と性的行動のあいだの関係性についてもさまざまなことが明らかになって
いくはずである。たとえば、ブチハイエナ（*Crocuta crocuta*）のメスにはいろんな機
能をもつクリトリスがある。これは「擬ペニス」とも呼ばれるものであり、見てわか
るほどの大きさを備えていて、交尾や放尿、さらには……出産にも使われる。これは
長くて蛇行した、袋状のものをいくつも備えた女性器であり、これがあることで交尾
したすべてのパートナーからもっともよい精子を選別することができるようだ！
明らかに動物の膣やクリトリスの調査へも研究資金を投じるべきだ。

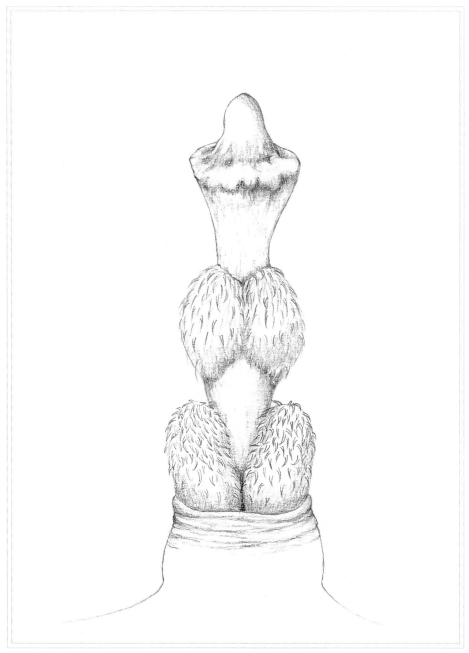

生殖器のサイズ：10cm
体長：約70cm

　ここまでペニス、膣、クリトリスの機能についてたくさん紹介してきた。紹介の
バランスが悪いと思われたかもしれないが、それも当然である！　膣とクリトリス
については、さらなる調査や発見が待たれるからである……。ともあれ、メスに挿
入するだけでなく、生殖器を探す、栓をする、掻きだす、しがみつく、取り外す、
突き刺す、刺激する、目をくらませる、コミュニケーションをはかるなど、いろん
なペニスの働きを見てきた。膣、そしてクリトリスにもまた（ほとんど解明されて
いないので、ここで挙げられることは限られているが）、挿入する、挿入された部位
を補強する、精子の侵入を阻止する、精子を貯める、さらには精子を消化する、コ
ミュニケーションをとるといった機能が備わっている。これらの特徴は、いずれも
インパクトの強いものだが、なによりも種の保存を目指すものだ！　はたして、そ
こに快感はあるのだろうか？

SE FAIRE PLAISIR !
UNE SEXUALITÉ
DÉBRIDÉE SANS
REPRODUCTION

VI

快感を味わう！
生殖なき奔放な性

ケープアラゲジリス
(*Xerus inauris*)

—

マスターベーションが役に立つ

動物の行動と適応にはありとあらゆるものがある。いずれも人目を引くもので
あり、それぞれに種の進化、すなわち繁殖して種を保存していくことを目的
として行われてきた。しかし、忘れてはいけないのは、ヒトのみならず、多くの動
物もまた快感というものを知っており、ときには受精や繁殖とは関係なく交尾が行
われるということである。快感のためだって？　もちろんだ！　生物のオーガズム
や快感について書かれたものはかなり少ないけれども、動物界にも快感はある。そ
して、ほとんどの場合にはお互いの合意や事前交渉がある。つまり、よりよい繁殖
行動に向けて準備をしていくためには、カップルが仲良くなるという前段階が必要
で、それはなにもヒトに限ったことではないのだ。

　その一方、受精と無関係に快感を求める行動の究極といえば、マスターベーショ
ンのほかにないだろう。私の教え子である研究者のアムリーヌ・バルドーも指摘す
るように、チンパンジーやボノボ、オランウータンといった類人猿は、たとえば棒
状のもの、つまりセックストイを使ったりしてマスターベーションをすることが知
られている。こうした動物たちはヒトに近い存在だからありえると言う人もいるだ

ろう……。しかし、ゾウやコアラ、ウマ、さらにはカンガルーやヤマアラシにもマスターベーションが見られる。これらの動物は、摩擦による刺激を与えて射精にまで至ることがある。多くの哺乳類がマスターベーションをするし、それによってもたらされる恩恵もたくさんあるのだ。

このような行動を解説するには、小型の齧歯類を取り上げるのがぴったりだろう。確かに、マスターベーションにはまだまだネガティブなイメージがつきまとう。であるからこそ私はここで、ケープアラゲジリス（Xerus inauris）という愛らしい小型動物を紹介したい。マスターベーションをするからといって、その魅力が少しも減じることはない動物として！　ケープアラゲジリスは南アフリカの乾燥地帯に生息し、猛暑の際に尻尾をかざして太陽の日差しから身を守り、体温を調節することで有名だ。ミーアキャットのように後ろ脚でまっすぐ立って、捕食者が近づいていないかと遠くを見渡すケープアラゲジリスの画像は簡単に見つかるだろう。ちなみにケープアラゲジリスは、ミーアキャットと巣穴を共同利用することもあるのだ。

ケープアラゲジリスの繁殖行動について言うと、オスとメスはそれぞれ別のグループで生活する。これだけではマスターベーションをする説明にはならないが、それでも注目すべき興味深いことである！　ケープアラゲジリスは、冬をピークとして一年中繁殖ができるのだ。もうひとつ興味深いことがある。オスとメスは複数のパートナーをもつのである。これもマスターベーションをする理由には結びつかなそうだが……。これが事実なのだ。続けよう。ケープアラゲジリスの睾丸の長さは、体長のおよそ20％にもおよぶのである！　これはやはり驚くべき長さだろう……。

これらの事実を組み合わせることで、どうしてケープアラゲジリスのオスはマスターベーションをするのかを説明する手がかりを見つけられるかもしれない。とはいえ、あとのドブネズミの項で述べるが、齧歯類がオーガズムを感じて、射精の瞬間に快感を得るのは間違いない。しかしそれでも、齧歯類がマスターベーションをするのは、非常に独特な機能があるためだと思われる。それは、性感染症の回避である！　つまり、マスターベーションは、生殖器のお手入れとして行われるのであ

る。ケープアラゲジリスのメスは、3時間しかない発情期が訪れると、最大で10匹のオスと交尾する。そのため、オスは交尾後に自らのペニスを口にくわえてマスターベーションをして、唾液の抗菌作用で感染症のリスクを抑えるというわけだ。もちろん、性感染症にかかれば大変で、繁殖力に大きなダメージを受けてしまう恐れがある。おそらく、性感染症がケープアラゲジリスの交尾戦略に影響を及ぼすのである。だから、マスターベーションは、セルフメディケーション（自己治療）、あるいはむしろセルフプリベンション（自己予防）なのだと言えるだろう！　衛生と快感が両立することもあるのだ……。

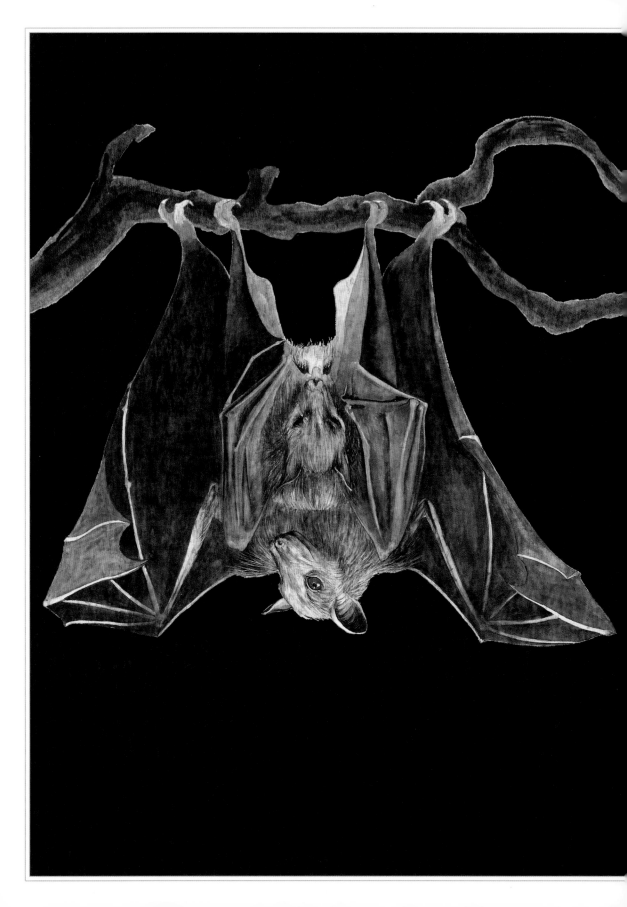

コバナフルーツコウモリ
（*Cynopterus sphinx*）

フェラチオとクンニリングス

　コウモリ（翼種目）は、飛行する夜行性の哺乳類であり、地上にいることはめったになく、超音波を使った反響定位、あるいは視覚や嗅覚を駆使して方向を定めたり、獲物や障害物を検知したりする。クスクスの仲間やモモンガ、フィリピンヒヨケザルは、胴体から脚や指にかけて広がる膜によって形成された、翼のような飛膜を使って滑空するだけであるのに対して、コウモリは飛翔能力をもつ唯一の哺乳類である。休息時には、コウモリは足指の爪で（逆さまに）ぶら下がっている。だが、ここで注目したいのは、何よりその生殖方法である！　多くのコウモリには受精に「タイムラグ」があるからだ。つまり、メスは生殖道で精子を保管し、排卵と受精はあとになって行われるのである。ここまでは快楽となんの関係もない。

　果実食のコウモリ、とくにルーセットオオコウモリは、フェラチオとクンニリングスを頻繁に行う。この小動物がそんなことをするなんて想像しがたいが、現実の出来事であり、研究者たちもとりわけ注目してきた。あるルーセットオオコウモリのコロニーの観察から、挿入の始まりと終わりにはたいていクンニリングスをすることが確認された。

　クンニリングスについては、クモで発見されたことをどうしても紹介しておきたい！　クモ研究に情熱を捧げる私の同僚クリスティーヌ・ロラールに再登場を願おう。クモのなかでもダーウィンズ・バーク・スパイダー（*Caerostris darwini*）は、きわめて優れた強度のある巨大なクモの巣を張り、ほかの多くの種よりも穏やかな性行動を取ることで知られる。読者の中には、メスによる去勢や性器の切断の事例を覚えている人もいるだろう。ここではそのようなことはない。確かにオスは不意に交尾しようとするし、さらにはお目当てのメスを自分の巣に縛りつけ、しがみつこうとする。しかし、驚くことに、オスは交尾前、交尾の最中、交尾後にオーラルセックスをすることがあるのだ。つまり、クモがクンニリングスをするのである！びっくりしたのではないか？　ダーウィンズ・バーク・スパイダーのオスはおそらく、メスの交尾器に唾液をつけながら、精子が受精するのに都合のよい化学的な環境を作り出そうとしているのだろう。実際、この予備行動はメスが交尾を受け入れる可能性を高め、オスが父親になれるチャンスも多くなるはずだ。オーラルセックスをするクモがいるなんて思いもよらないことだが、実際に存在するのである！

　それはさておきコウモリに戻ろう。ここで取り上げるのは、挿絵にあるアジアに生息するコバナフルーツコウモリ（*Cynopterus sphinx*）である。交尾中、コバナフルーツコウモリのメスの多くはオスにせっせとフェラチオをするのだ！　このようにして、お互いに快感を得る動物たちがいるのである！　どうするかというと、メスは頭を傾けて、相手の陰茎やその付け根を舐めていく。ただし、亀頭はメスの膣の中に入っているので舐めることはない！　古代インドの性愛の聖典『カーマ・スートラ』にも匹敵するようなテクニックである。交尾中はずっとフェラチオをし、オスは挿入を途中で止めることはないし、メスもフェラチオを最後までやり抜く。もっとくわしく解説しよう！　フェラチオを1秒するごとに、交尾の時間は10秒増えるのである。つまり、フェラチオありの交尾はフェラチオなしよりもいつも長くなる。

　確かに、快感を得るための行為であると十分に説明できるわけではない。研究者のなかには、フェラチオによる唾液が潤滑剤のような役割を果たしており、それゆ

え挿入時間が長くなると考える人もいる。唾液には抗真菌作用や抗菌作用があるので、フェラチオが性感染症の予防になると考えることも可能だ。それから、性器を舐めることでパートナーの選択をも促すのかもしれない。実際、このような行為はおそらく、「主要組織適合性複合体」と呼ばれる認識システムによる個体の生化学的シグナル（ペニスに付着している分子）の特定にも役立つはずだ。なんとも複雑である！　だが、複雑だからこそ興味を引いてしまうのは世の常である……。最後に、はっきりさせておきたいのだが、オランウータンで観察されるフェラチオは、快感をもたらすことがほとんど唯一の目的である。

バンドウイルカ
（*Tursiops truncatus*）

—

同性愛を生きるオス

性行為はなによりも生殖のために進化してきたが、性行為には種ごとに多様な形式がある。一般的にはオスとメスが性関係を結ぶけれども、必ずしもそれだけというわけではなく、さまざまな可能性がある。多くの種において、生殖と無関係の性行動は同性の個体間で観察されてきた。ほかの多くの行動と同じように、同性愛はヒト固有のものではない。哺乳類だけでなく、鳥類や爬虫類、両生類、魚類、さらには昆虫など、1000を超える種において同性愛行動、より正確には両性愛行動が見られるのである。

　鳥類や哺乳類で言えば、性行為、求愛行動、共同養育を含めた同性愛の行動は、ガン、オオフラミンゴ、カモメ、ミヤコドリ、ズグロムシクイ、シカ、シマウマ、キリン、ガゼル、ヒツジ、ゾウ、マナティー、ヨーロッパケナガイタチ、ラット、チンパンジー、イヌ、雄牛、フンボルトペンギン、カモなどで観察される。数字で見ると、少なくとも93種の鳥類で同性愛行動が存在する。ハイイロガンのオスの15％、カモメのオスの20％は厳密な意味で同性愛であり、コクチョウは同性で子育てするカップルになることがある。ヒトを含む霊長類では、同性愛はとりわけ発展

　してきた。私たちから遠く離れたグループに属するリスザルのような種では、同性愛は遊戯や支配などの相互作用に限定されているようだ。反対に、ヒトに近いサル（マカク［オナガザル科のサル］、ヒヒ、チンパンジー、ゴリラ、ボノボ……）では、同性愛はよく見られ、友情、和解、緊張状態の調節、仲間意識による同盟まで、さまざまな関係性があるので複雑だ。

　いずれにしても、同性愛やとくに両性愛は、自然界にはよくあることなのだ。こうした行動は、性的な関係が必ずしも生殖だけを目的にしているわけではないことを明らかにしている。しかし、発見までの道のりは長かった。1884年にアベ・マーズ（Abbé Maze）という人物が、コフキコガネにおける「同性愛」を観察したとソルボンヌ大学で報告した！　そう、コフキコガネにおいてである。しかし、予想もしていなかったことであったろう！　その数年後には、2種類の同性愛が区別された。ひとつはメスがいない場合に求められる同性愛、もうひとつはメスがいても趣味嗜好から生じる同性愛である。

　残念ながら強い偏見は今なお見られるけれども、興味深い観点が形成されてきた。ありとあらゆる種を挙げることができるが、その長いリストに必ず出てくる象徴的な生物のひとつがバンドウイルカ（Tursiops truncatus）である。死んだ魚やブイを使ってマスターベーションをしたり、性的な嫌がらせをしたりと、この鯨類は、上品な私たちの目には放縦に過ぎるように映る動物である……。こうした行動と比べると、バンドウイルカにおける同性愛の行動は平凡ではある！　とはいえ、きっと昔のアメリカのテレビドラマ『わんぱくフリッパー』に出てくるような純真なイメージでイルカを見ることはもうないだろう！

　バンドウイルカはクジラ目に属するイルカである。これまでに捕獲されたものや、自然環境とくにアメリカのフロリダ海岸沿いで多くの調査が行われてきたので、ハクジラ類のなかではもっとも研究が進んでいる。本書にとっては都合のよいことに、非常に重要な発見も見られる。バンドウイルカにおけるステディな関係は、異性カップルではなく若い同性カップルなのである！　でもそれだけではなく、年齢が上がっ

てくると2頭のオスは協力して出産可能なメスを捕まえて、ちょっと力づくだがこのメスと交尾をする。この2頭の若いオスの行動を疑問に思うかもしれないが、おそらく、しかるべきときに行われるメスとの交尾を最適化するために、一緒にトレーニングをしているのだろう。もちろんこれは仮説だ。しかしそれでも、2頭のオスがお互いのペニスをこすり合わせるのだから、こんなはっきりした行動をほかにどう説明できるだろうか？　あるいは、アナルセックスや、なんと頭頂部にある噴気孔（鯨類の鼻孔）にペニスを挿入する「鼻セックス」をどう説明したらいいのだろうか？

　結論を急ごう。最新の調査によると、同性愛行動から、動物が極めて幅広い性的実践をもつことが判明した。また、この調査からは、ヒトを含めた動物の複雑な性的関心の一面がわかるのである。といってもこの分野では、とくに進化の観点から解明すべき点がまだまだ多いのが実情だ。

ボノボ
(*Pan paniscus*)

――

タブーなき解放された性

同性愛、あるいはより厳密に言うと両性愛は、以上のように動物界に広く存在する。これはメスにおいても報告されていることであり、特に私たち霊長類に見られる。チンパンジーに比べて少数のオスの支配によってグループで生活するマウンテンゴリラでは、メスの同性愛行動は一般的である。ベニガオザル（*Macaca arctoides*）は、その毛並みからクマザルとも呼ばれるが、いろんな同性愛行動に没頭する。たとえば、発情したとき（顔が赤くなる）には、ベニガオザルはメス同士で外陰部をこすりつけ合う。そのとき、メスは交尾の時と同じ声を発する。だが、行動はこれだけにとどまらない。なんと、メスはシカに乗ってマスターベーションをすることもあるのだ……。メス同士でしたように、ベニガオザルのメスはシカの背中に外陰部をこすりつけるのである！　もちろん大真面目である。ある観察では、この行動は5匹のメスにおいて約260回も確認されている……。メスは1頭のシカをめぐって争うことさえあり、通常のオス・メスでの交尾で相手をめぐって争うときのように、社会的優位な立場の者が弱い者を押しのけるのだ。もうひとつ興味深いことを紹介しよう。シカのほうはメスにされるがままで、まったく無関心にも思えるのだが、オスのサルが乗ることは認めないのである！

　霊長類（まあ、人間を除いて）にはこのような種間性行為が見られるが、ボノボ（*Pan paniscus*）の場合には両性愛も日常的に行われる。ボノボにとって性行動は争いを緩和するための目的もある。ボノボには争いがほとんど見られないので、こうした性行動がうまく機能しているのだろう。よく考えたものである……。オランダの霊長類学者フランス・ドゥ・ヴァールはこう書いている。「チンパンジーは権力で性の問題を解決し、ボノボは性行為で権力の問題を解決する」。ボノボという存在だけで動物界において繁殖以外の目的での性行為があることを証明している。実際にボノボの性行動の四分の三は、繁殖と直接関係ないようである。季節を問わず、排卵期も関係なく、性行為は繰り返される。ボノボは毎日、いろんなパートナーとさまざまな体位で快感を求めるのだ！

　性行動が緊張関係をほぐしてくれるのであれば、どうして禁じる必要があるだろう。まさに「ラブ＆ピース」だ。異性間では目と目を見つめ合って正常位で交尾をするのだから愛と呼んでも良いのではないか。ただ異性間ではありきたりで退屈かもしれない。そんな時ボノボは新たな行動を求める。快感のためならいつでもなんでも試すのだ！　舌を使ったキス、手淫、フェラチオ、性器のこすり合わせなど。いつでも快感なのである。満足そうな表情や声から察するに間違いないだろう。こんなはっきりとした快感のさまを見せるのだから、メスはオーガズムを感じているのだろう。

　これが「ラブ」の部分だ。では、「ピース」はどうか？　それは少々複雑である……。ときに性愛の行動はいろんな利害関係をともなうこともあることを忘れてはならない。たとえば、メスがたくさんのオスと交尾をするときは、子を保護する目的がある。どうしてか？　相手がみんな子の父親である可能性があるからである！　確認しておきたいのは、ボノボは子殺しをせず、ほかの霊長類はするということだ。だからやっぱり「ピース」はあるのだ！

　このように、ボノボは世界中でもっとも頻繁に、ごく自然に快感を求める動物である。ボノボにとって性の快感は、社会生活を穏やかでありながらも刺激あるもの

にしていくいろんな活動のひとつであり、毛づくろい、キス、性行為、食事、遊び
などが繰り返されるのである。そこに何か問題はあるのだろうか？　私にはないよ
うに思われる。動物界に、生殖と無関係の性行為があるということに100％は納得
しづらいかもしれないが、ボノボの性活動においては生殖目的ではなく、愛の戯れ
に近いものがあると理解しておいてほしい。

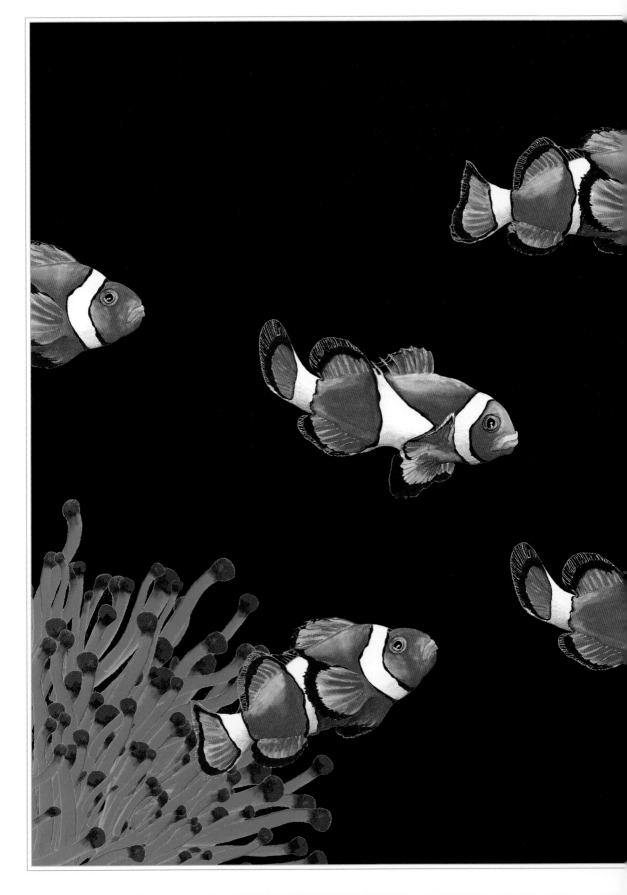

カクレクマノミ

(Amphiprion ocellaris)

—

性別と体の大きさを変える！

オスとメス両方の生殖器をあわせもつ動物は数多い。ミミズはまさに雌雄同体で、つがいになった2匹のミミズは交接すると互いに精子を渡し合い（もらった精子はいったんしまっておく）、そのあと卵を産む。そしてその際にしまっておいた精子と結びついて受精するのである。だが、これよりもさらに驚くような事例もある。つまり、生きているうちに性別を変えるのである。そのなかには、私たちにとって思いがけない種もある。読者のみなさんもおそらくディズニー映画『ファインディング・ニモ』に登場するキャラクター、「ニモ」をご存じだろう。そう、あの「ニモ」ことカクレクマノミ（*Amphiprion ocellaris*）である！ 母親が死んだあと、いろんな危険をくぐり抜けて帰ってくる、あの愛らしい魚である。しかし、これからはカクレクマノミのことを以前と同じように見ることはできなくなるはずだ。というのも、体の大きさと性別を変えるという大胆な変化に挑むのをまったくためらわないからである！ なんと驚くべきことだろうか？

　オレンジの体色に黒と白の縞模様がある小さな魚のカクレクマノミの生涯は、岩礁に産んだ卵が孵化してスタートする。生まれたばかりの稚魚は透明で、数日にわ

たって広い海を漂ったあと、岩礁に戻ってくる。体が大きくなってくると、種ごとに違いはあるが、鮮やかな体色と白い縞が出てくる。幼魚はイソギンチャクを探しに旅立ち、出会えたイソギンチャクと共生関係を作り一生を過ごす。より正確に言えば、カクレクマノミはイソギンチャクのチクチクとする触手のあいだにいることでお互いに利益を得る「相利共生」の関係をもつのだ。カクレクマノミはイソギンチャクの触手に触れても痛みを感じないので、イソギンチャクに身を隠して捕食者から身を守り、その一方で、自分の住みかを守るためにイソギンチャクを食べようと近づいてくる魚を追い払うのである。また、イソギンチャクとしてはカクレクマノミの栄養豊富な排泄物を餌にすることもできる。

　この共生には他にも利点がある。イソギンチャクの体内には共生関係にある褐虫藻と呼ばれる微細な藻類がいて、光合成を行って栄養分をイソギンチャクに供給しているが、その褐虫藻が光合成できない夜間にカクレクマノミがひれで海水をかきまぜて、酸素を含んだ新鮮な水をたえずイソギンチャクのほうに届けてやるのだ！けなげなことではないか？　イソギンチャクはカクレクマノミのおかげで成長して生き残れるし、カクレクマノミもイソギンチャクを必要としている。ちなみに、地球温暖化の影響でイソギンチャクが白化し、カクレクマノミに無視されてしまうことも起きている。このままの状況が続けば、これらの素晴らしい生物に絶滅の危機が訪れることになるのかもしれない（環境汚染を考慮する以前にこの状況だ）……。

　素晴らしい生き物ではないか？　その通りだ！　だが、さらに印象的なことがまだある。カクレクマノミの社会構成が感動的なのだ。集団は大きなメスの成魚1匹が率いており、これがイソギンチャクを小さな捕食者から守っている。そして、このメスよりも小さなオス1匹が続き、次に大きいものから小さいものへとサイズ順に未成熟個体が階層的に配置される。ある個体が死ねば、これよりも小さい次のものがその場を占めて、死んだ個体とすぐに同じ大きさになる。しかし、さらに大きい個体に排除されないように、それ以上体を大きくすることはない。そんなことをしたら、死が待っているだろう！　また、新しい個体がやって来たときには集団の最下層に配置され、それぞれが地位を必死に守り抜くのだ。リーダー格に成り上がるまで、30年も待ち続ける稚魚もいる。寿命も50年というから信じられないほど

に長い。

　さらに驚くことに、カクレクマノミでは、大きなメスのリーダーが捕食者に食べられてしまうと、二番手だったオスがメスに性転換してイソギンチャクの守護者の役割を果たすのだ！　これはトランスジェンダーというよりもむしろ、「逐次的雌雄同体」とか「連続的雌雄同体」と呼ばれるものである。そして、未成熟個体で序列の先頭にいたものがオスになり、あとの未成熟個体は順位をひとつずつ繰り上げていく。それぞれが少しずつ体を大きく成長させるが、適切な体の大きさにとどめる。大きな変化がなく、上位の個体のポジションを邪魔しないので、群れの中での対立は免れるのである。みんな順番が回ってくるのだ！　見事な仕組みである……。

　最後につけ加えると、『ファインディング・ニモ』のなかでは、ニモの母親が死んだあと、父親が息子の世話を引き継ぐ。現実ではパパはママに転換し、子どもから若いオスへと変化したニモとの間に、子を作ることになるのだ！　子ども向けの映画のストーリーとしてはあまりにも気まずすぎるし、おそらくG指定をもらえないだろう……。

ドブネズミ

（*Rattus norvegicus*）

「超音波」のオーガズム

　この項は、私の息子が飼っている愛らしいメスのドブネズミ「サヴォネット」に捧げたい。本書を締めくくるにあたり、魅力があって、賢くて、思わず感情移入してしまい、利他的でさえありながら、とても嫌われものの動物であるドブネズミを取り上げるのは、かなり感動的だし象徴的でもあると思う。しかし、その行動上の特徴は、本書のテーマには合わないと言われるだろう。その通りだ！　しかしながら、ドブネズミは驚くべき能力を隠している。とっておきの驚きはいくつもあるが、そのうちのひとつがとくに興味深い。それはオーガズムと呼ぶべきものだ！　性的快感をしっかりと裏付ける概念があるとすれば、オーガズムがまさにそうである！　そう、オーガズムはひとつの概念なのだ。

　性的快感は、オーガズムと分かち難く結びついているように思われる。でも、オーガズムとは何だろうか？　答えは至ってシンプルである。経験すればわかるのだ！　ではそうだとして、ほかの種にもオーガズムがあると知るためには、これをどんなふうに定義すればいいだろうか？　オーガズムは射精と同時に起こるとしばしば思われているが、それは間違いである。男性ではそう思われがちだが、オーガズムの

あいだに射精しない人もいるだろう。その一方で、射精は女性にあてはまらないが、オーガズムのあいだに「液体を放出する」人も時折いる。ともあれ、多くの定義では、リラックスしてエクスタシーを感じたときに生理的な感覚と感情的な要素が収斂していくのだとする。オーガズムとは、ある程度長時間にわたって刺激を受け続け、そこで積み重なった性的緊張が解放されたようなものだとか、骨盤の筋肉の収縮と同じものだとか言われる。こうした定義にしたがえば、オーガズムはさまざまな霊長類にも存在するだろう。事実、類人猿のメスの多くでは、性交時に強い子宮収縮や心拍数の上昇がよく見られるのだ。

　私たちはいつも人間中心的な考え方をしてしまうので、以上のことも当たり前だと思ってしまいがちである。結局、みんな同じ大型類人猿なのだから！　しかし、ここで言いたいのは、類人猿以外の動物にもオーガズムがあるということなのだ……。嫌われる動物であるドブネズミにさえある。これはすでに立証されたことである！　「ドブネズミにはオーガズムがあるのか？」という研究者たちが出した問いに対して、快感という点に絞れば、その答えは議論の余地がないようだ。交尾中はオスもメスも、本当に快感を得ているのだということをあらゆる身振りを使って表現する。交尾が終わると、オスは緊張が解けて眠ってしまうこともあるが、メスのほうはといえば、抱擁を再開しようとオスの周りを跳びはねて起こそうとしたり、欲望のサインを送ったりすることもある！　ドブネズミは多くを求めるのだ！　これについては、さまざまな事例が確認されている。アーモンドの匂いのするオスと何度も気持ちのよい交尾をすると、ドブネズミのメスはアーモンドの匂いを発するオスを探し求める！　メスのドブネズミはとても気持ちよかった体験を覚えているのだ。

　では、研究者たちはどのようなプロセスを経てオーガズムについての問いにきっぱりと答えることができる段階に至ったのだろうか？　まずは、ヒトにおけるオーガズムの接近や到来を示す生理的な兆候をすべてリストアップすることから始めた。たしかに、ドブネズミに固有のもので、私たちには検知できないような兆候もいろいろとありうるだろう。これらのヒトにおける生理的な兆候や行動が示す兆候はとても幅広く、そのうちのいくつかを挙げてみると、ペニスとクリトリスに血流が増

加する、会陰部に筋肉の収縮が見られる、脳内にエンドルフィンとオピオイド（ウェルビーイングや多幸感において「放出される」ものだ！）が分泌される、男性が射精する、女性が子宮の収縮を引き起こす、いろんな声を出す、リラクゼーションと勃起萎縮（勃起組織の充血の解消を意味する複雑な言葉である）がある、などである。これらの兆候はドブネズミにもあるのか？　もちろんである！

　ドブネズミの場合、オスにもメスにも、オーガズムと同様の反応としてふさわしい兆候が見られる。たとえば、筋肉が収縮する、脳内報酬系と連動して神経伝達物質を放出する（ヒトにとってのエンドルフィンと同じ原理である）、超音波の声を出す、といったことだ。ドブネズミに強い快感があるのは疑いない。これはおそらく、単独もしくはつがいで性交をするイルカのオスとメスをはじめ、クマ、ブタ、ネコ、イヌなど、ほかのいろんな種でも見られるだろう。あとは、これらの種の快感について、その起源や進化を突き止めなければならない。動物界のオーガズムをより理解すれば、オーガズムに到達するのが難しいヒトのいる理由を説明でき、そのヒントとなるような発見があるかもしれない。かわいいドブネズミたちよ、愛に乾杯！

終わりに

　自然界と動物界を愛する好奇心旺盛な読者のみなさん、すべてを網羅することはかなわなかったが、あらゆる領域にわたった驚くほど多様な生殖器をめぐる発見の旅はそろそろ終わりである。どうしてペニスなのか？　なぜ形態と行動の両面でペニスの多様性が生じたのか？　生殖器はどのように進化したのか？

　なぜペニスなのか？　思い出そう。4億5千万年前に身を置いてみるのだ。塩分の多い水の中で、魚は何にも邪魔されずに産卵と放精を行い、繁殖することができた。しかし陸上では、太陽の日差しが生物の非常にもろい組織を乾燥させてしまう。そこで、陸地での生き残りの戦略として、体内受精という新たな解決策が編み出された。これによって陸上の生息地を次々と拡張していったわけだが、そこにはペニスと膣、そしてクリトリスというきわめて重要な器官が密接に関連している。自然界はいつの時代も極めて創造的であり、ありとあらゆる形を作り出してきた。見た目が似通っている昆虫であっても、ペニスに関してはとても多彩である。それは哺乳類も同様で、私たち人類が属する霊長類でもまた多様だ。人類では失われている、陰茎骨をもつオスもいるのだ。

終わりに

　どうしてペニスはバラエティに富んでいるのか？　形態と行動の両面において変化が見られるという興味深い問いである……。あらゆる生物が多様性をもつのだ。昆虫から、鳥類や爬虫類、哺乳類にいたるまで、ペニスはとにかく創意に富んだ形をしている！　ふたまたになったもの、管状になったもの、トゲがついたもの、毛が生えたもの、鉤状のものなどなど……。遺伝子を分散させて種を存続させていくためには、あらゆる戦略が有効である。たとえば、メスを突き刺す、メスを利用する、メスの交尾口に栓をする、メスから自分以外のオスの精子を掻き出す、メスにしがみつく、ペニスを切り離す、性別を変える、無理矢理に交尾する、脅しをかける、などだ。いずれの行動も、繁殖にとって（正当化できることではないにせよ）有益なものであると説明できる。これに対し、人間の独創性（あるいは倒錯）は何も特別な発明をしていない——快感でさえも。快感は私たちが考えているよりもずっとたくさんの種にあるのだ。多様性とはかくも印象深いものである。よく知られた理論では、それぞれの種は独自の生殖器をもっており、異種間の交尾はできないようになっているとされる。たとえ異種間で交尾が起きたとしても、生殖不能な子孫が生まれるだけなので、不要な予防措置とも言えなくもない。

　多様性があらゆる面に見られるのは間違いない。たとえば、社会行動には、オスおよび／あるいはメス間の競争（ハーレム？　一夫一婦？　複数のパートナー？）、誘惑のテクニック（巣づくり、贈り物、勇ましい跳躍、いかさま……）、ディスプレイ（ダンス、鳴き声）、交尾戦略（地上、空中、さまざまな体勢、多彩な場所）、環境による制約（オープンな環境、森林、捕食者の存在、劣悪な環境……）などがある。行動がこれほどバラバラであれば、当然、形態の多様性につながる。決まったことは何もない。すべてが多様で、このような形態や行動、環境の間の複雑なメカニズムや相互作用がどのように進化してきたのかはまだ解明されていない。

　生殖器はどのように適応し進化して、現在のような形の違いが現れてきたのか？本書のこれまでの事例で見てきたとおりである。ペニスの形態は、動物ごとの機能、生殖方法や交尾方法と結びついている。たとえば、メスが複数のオスと交尾し、生まれる子の父を選択できる種では、ペニスはより入念に作り上げられた形態をもつ。

しかし、ことは複雑であり、解明すべきことがまだまだ残されている。特にこのような事情は、メスの生殖器を研究せずして解明することはできないだろう。膣とクリトリスは、生殖行為と生殖器の進化のなかであまりにも無視されてきた。メスの生殖器と連動してオスの生殖器が進化するという「共進化」という現象を理解しないで、進化に関して起こったことをどうして理解できようか。大きな仕事がまだ手つかずのまま残されているのだ。

　20世紀を通じて、オスの生殖器の科学的究明に関心が注がれてきた。残念ながら全体的に見られるこの男性優位の偏見は、時が経つとともに深刻になり、2000年代初頭にはオスが性的役割において支配的であるとする仮説も新たに発表された。それでも、メスの生殖に関する特徴が進化するスピードや、オスメス間での共進化という複雑な作用から生殖構造がどのように作り上げられていくかを解明する新研究もいくつか見られるようになった。性器や生殖器の進化の解明は、一方の性にこだわるという時代遅れで執拗な偏見によって妨げられてきた。21世紀はメスの生殖器にもっと関心が注がれる時代となるだろうか？　そうなるべきである！　このテーマに関する研究はまばらだが、いずれも心を打つものばかりである。本書では駆け足で吟味したけれども、これだけは確認しておきたい。メスがオスに突き刺す（トリカヘチャタテ）、メスが精子との接触を妨げて父親の選択を行う（アメンボ、カモ、ある種のクモ、イルカ……）、メスが精子をためこむ（ある種のカメ、ヘビ、アリ……）、受精しないようにメスが精子を消化する（ある種のチョウ……）、さらにはメスがオスの挿入によって「傷つけられた」箇所を適応させて被害を抑える（マメゾウムシ、トコジラミ）ということもあるのだ。

　本書を終えるにあたってささやかながら興味深い話題を見てきたが、ここで思い出しておきたいのは快感のことである！　動物界における快感は、オスの同性愛（マナティー、ヨーロッパケナガイタチ、ドブネズミ、ペンギンなど）、メスの同性愛（ボノボ、カメ、トカゲなど）、フェラチオおよびクンニリングス（コウモリ）、マスターベーション（リス、カンガルー、霊長類、イルカ）、セックストイの使用（チンパンジー、オランウータン）と、何とも多彩である。多くの種は、生殖とは関係なしに性器を使っていたり、オーガズムを知っていたりする可能性があるのだ。

　異性愛や同性愛の行動（オス・メスともに）もあるし、両性愛や性転換の行動（クマノミやベタ・スプレンデンス！）もある。一夫多妻、一夫一婦、一妻多夫と、なんでもありえる。さらに、このような配偶者や家族構成のシステムは、交尾方法や生殖器の形態とも密接に結びついている。もっともよく見られる一夫多妻の動物では、哺乳類のオスは子の面倒を見ることがなく、できるかぎりたくさんのメスを受精させる。オス間の競争はほとんどなく、おそらくこの事実が生殖器の形態に影響を与えている。ハーレムに暮らし、ほとんど競争がないオスのゴリラが、立派な体格をしているのにペニスがとても小さいのはきっと偶然ではない。

　一方、チンパンジーのようなパートナーを共有しない一夫多妻、つまり実質的には多夫多妻の動物は、生殖器は大きい。複数のオスと複数のメスの集団で暮らすため、そのなかでの競争は激しくなる……。一夫一婦の動物（哺乳類では約10％）は、ハクチョウやキジバト、ティティモンキーのように夫婦で子育てをする……。守るべきテリトリーは広大であり、食料はあちこちに点在する。オスは1匹のメスとつがいになるので、複数のメスを支配しようとして体力を消耗することもない。こうした事例は、肉食の小動物（フェネック、ジャッカル）、いくつかの霊長類（テナガザル、マーモセット、ティティモンキー）、齧歯類に見られる。競争はメス間でも厳しくなるし、生殖器の多様性も見られる。そして、一妻多夫も存在する！　母権制のなかで暮らすワオキツネザルのようなキツネザル下目、あるいは真社会性をもつハダカデバネズミでは、メスに決定権がある。小型の有袋類アンテキヌスにいたっては、いわゆる「セックス中毒」で、この動物の恋はいつも悲劇で終わるのだ！　メスは繁殖期間にできる限りの複数のオスと12時間も交尾を繰り返す。その結果、オスのほうは毛が抜けたり、疲労や内出血で死んでしまうこともある……。タスマニアデビルのメスは、オスに近づいて噛みついたり引っかいたりして、もっとも屈強なオスを選ぶ。弱いオスが来れば、文字通りめった打ちにしてしまう……。交尾が終わるとオスは眠ってしまい、メスは次のオスとの交尾を求めて出かけるのだ。

　交尾のテクニックとそれに伴う生殖器は、一夫多妻の動物、一夫一婦の動物、一妻多夫の動物と、それぞれに異なる。メスの生殖器を調べれば、本書で挙げた動物

の社会行動や性行動と連動した共進化について、よりよく理解できるかもしれない。クリトリスは受精において役に立たないし、存在するべき理由がわからないので、これまでほとんど関心の対象にならなかった。では、クリトリスの形や大きさはどのように進化したのか？　陰核骨はどのように変化したのか？　ある種ではどうしてクリトリスが失われたのか？　受精とは実際にどんな関係があるのか？　膣やペニスとはどのように共進化したのか？　これらの疑問に答えることは、種の保存やその進化について幅広く解明するうえで大きな鍵になるだろう。クリトリスは進化や性淘汰のなかですっかり忘れ去られてきた。私の教え子であるカミーユ・パクーは以前よりこのテーマに興味をもっているので、乞うご期待である。

　最後になるが、私たち人類は何も発明してこなかったことに触れておく。繰り返すが、人類はたいしたことないのだ。私たちは大河の一滴にすぎない。「性の多様性」は、人類の登場よりもずっと前から存在する。動物界では当たり前のこととはいえ、どんな研究テーマも未発見であふれている。生命が誕生してから40億年の間に、並はずれた適応が行われてきた。それはこれまでに見てきた数々の解決策や最適化についての事例からわかるとおりである。生物を守るべきである。なんとしても保護しなければならない。本書で挙げた動物たちは近い将来、あるいは遠い未来に絶滅するのではないかという、そんな考えが頭をよぎり、不安になる。私の息子が飼っているドブネズミ「サヴォネット」に何と言えばいいのか……。息子にはどう言えばいいのだろうか？　木もない、ハチもいない、チョウもいない、トンボもいない、鳥もいない、リスもいない、そんな世界に驚きを感じることなどできるのか？　私の息子や彼の友だちには、私の子どもの頃のように、祖父母の家の庭でテントウムシを見つけて感動してほしいのだ。私の両親の家の庭で小さなカニグモをじっと見つめて、少しばかりの優しさを抱いてほしい。私を見つめて理解しようとするオランウータンやゾウに心を震わせて、愛情で目を潤ませてほしい。これは私の願いである。今一度、幸福の震えや涙を感じてほしいのだ……。

謝辞

　まずは、編集を担当してくれたヴァレリー・デュメージュとは、以前の著作からの信頼関係に基づいて、心のこもったやり取りができたことに深く感謝しています。お互いに自然な流れで作業を進めるとともに、多くのアイデアや提案を共有できたことは大きな喜びでした。これからも私たちの実りある共同作業がつづくことを期待しています！　次に、イラストレーターのジュリー・テラゾーニに感謝と称賛を贈ります。前作と同様に彼女のイラストはいつも私を驚かせ、たくさんのインスピレーションを与えてくれました。それから、貴重な存在でありつづけるヴィヴィアン・ボワイエに心をこめて感謝いたします。そして、いつも優秀で、快く誠実にサポートしていただいたアルトー社のスタッフの皆さま、とりわけイゾール・アングレとカリーヌ・ド・ヴァールにもお礼を申し上げます。

　数年前に私たちの研究チームのなかで「動物のペニス当てゲーム」を始めた、私のかつての学生で現在は同僚でもあるアムリーヌ・バルドーとマリオン・セガールには感謝しかありません！　本書のアイデアは彼女たちに負うところが多く、ぜひともお礼と友情の気持ちを届けたいとおもいます。そして、真剣に取り組むべきこの科学的なテーマについて、彼女たちとすぐにでも仕事ができたらと願っています。最後に、私を感動させ続ける研究者たちにいつもと変わらぬ大きな称賛を捧げるとともに、私自身の成長の場であるMECADEV（適応メカニズム・進化研究ユニット）の同僚たちにも親愛の気持ちを贈ります。

Crédits photographiques :
p. 46 : © DianaFinch/Shutterstock ; p.85 : © Egor Shilov/Shutterstock ;
p.51 : © Hein Nouwens/Shutterstock ; p.39, p.45, p.65, p.70, p.77, p.81, p.94, p.105, p.126, p.135,
p. 146, p.155, p.159, p.163, p.167, p.171 : © ntnt/Shutterstock ;
p.33, p.111, p.120, p.139 : © Pavel K/Shutterstock ;
p.101 : © Potapov Alexander/Shutterstock ; p.14 : © vinap/Shutterstock.

生物と性 神秘の最適化戦略

発行日　2024年4月2日
著　者　エマニュエル・プイドバ
　　　　ジュリー・テラゾーニ（イラストレーション）
訳　者　西岡恒男（株式会社フレーズクレーズ）
発行者　足立欣也
発行所　株式会社求龍堂
　　　　〒102-0094 東京都千代田区紀尾井町 3-23 文藝春秋新館 1 階
　　　　電話 03-3239-3381（営業）
　　　　　　　03-3239-3382（編集）
　　　　https://www.kyuryudo.co.jp

翻訳協力　株式会社フレーズクレーズ（牧尾晴喜、寺田知加、田辺沙知）
編集協力　藏本泰夫
編集・日本語版レイアウト　清水恭子（求龍堂）
印刷・製本　株式会社東京印書館